煤矿通风班组长安全培训教材

平顶山天安煤业股份有限
公司安全技术培训中心　组织编写

主　编　刘红艳　焦向东

中国矿业大学出版社
·徐州·

内 容 提 要

本教材分为四个部分：第一部分主要介绍国家安全生产方针及法律法规、煤矿职业健康；第二部分主要介绍班组管理、班组建设及班组安全心理知识；第三部分主要介绍煤矿安全生产技术、现场救护、矿井灾害防治及现场应急处置等；第四部分主要介绍矿井通风、矿井瓦斯防治、矿尘防治、矿井火灾防治要点与操作技能，以及通风班组安全风险分级管控与事故隐患排查治理等。

本书可供煤矿班组长、相关技术人员学习使用，也可供区队管理人员学习、参考使用。

图书在版编目（C I P）数据

煤矿通风班组长安全培训教材 / 刘红艳，焦向东主编. —徐州：中国矿业大学出版社，2021.10
　　ISBN 978 - 7 - 5646 - 5162 - 6

Ⅰ.①煤… Ⅱ.①刘… ②焦… Ⅲ.①煤矿—矿山通风—安全培训—教材 Ⅳ.①TD72

中国版本图书馆 CIP 数据核字（2021）第 205188 号

书　　名	煤矿通风班组长安全培训教材
主　　编	刘红艳　焦向东
责任编辑	周　丽
出版发行	中国矿业大学出版社有限责任公司
	（江苏省徐州市解放南路　邮编 221008）
营销热线	（0516）83884103　83885105
出版服务	（0516）83995789　83884920
网　　址	http://www.cumtp.com　E-mail：cumtpvip@cumtp.com
印　　刷	北京彩虹伟业印刷有限公司
开　　本	850 mm×1168 mm　1/32　印张 9.625　字数 249 千字
版次印次	2021 年 10 月第 1 版　2021 年 10 月第 1 次印刷
定　　价	45.00 元

（图书出现印装质量问题，本社负责调换）

《煤矿班组长安全培训教材》

编　委　会

《煤矿通风班组长安全培训教材》

编审人员名单

主　　编：刘红艳　焦向东

副 主 编：王立伟　胡伟元　易明启　李胜军

　　　　　王国鸿　朱长征　王建龙

参编人员：卢全督　张润磊　闫军伟　郭小飞

主　　审：李大军

参审人员：洪玉申　王太续　赵云矿

出版说明

近年来,以机械化、自动化、智能化、数字化为核心的现代科技越来越多地应用于煤矿,促进了煤矿安全生产方式的转变,为煤矿治理体系与治理能力的现代化提供了坚强保障。而工作在生产一线的班组长,存在文化水平参差不齐、工作流动性较大的情况,又缺乏适应性好、针对性强的安全培训教材,严重制约了煤炭行业的高质量发展。

自2018年3月1日新版《煤矿安全培训规定》施行以来,国家进一步明确了煤炭行业的培训要求。近3年来,国家陆续颁布实施了《安全生产法》《煤矿安全生产标准化管理体系基本要求及评分方法(试行)》《防治煤与瓦斯突出细则》《煤矿防治水细则》《防治煤矿冲击地压细则》《煤矿重大事故隐患判定标准》等,《煤矿安全规程》和《煤矿安全条例》等一些法律法规也正在制定或修订中,预计近期将陆续颁布实施。这些法律法规的颁布实施,对煤矿企业的安全生产起到了促进作用,同时也对煤矿培训提出了新的要求。

根据《煤矿安全培训规定》,煤矿班组长属于其他从业人员,其培训大纲、考核标准和考试题库由各省负责制定。目前,各省在抓紧落实其他从业人员岗位细分工作。目前市场上的班组长培训教材多为2016年左右组织编写的,很多新的法律法规、新技术、新工艺等并没有融入进去,因此不能满足培训的实际需求。

《关于高危行业领域安全技能提升行动计划的实施意见》指

出:要围绕提升职工基本技能水平和操作规程执行、岗位风险管控、安全隐患排查及初始应急处置的能力,构建针对性培训课程体系和考核标准;要把安全生产与工伤预防内容编入各类人员职业技能标准和培训教材;并实施班组长安全技能提升专项培训。

因此,当前应结合培训的实际需要,紧盯现场实际,着力为煤矿从业人员编写一套能够学得会、用得上、记得住,简约和新颖的安全培训教材。

这套煤矿班组长安全培训教材是为落实"其他从业人员培训"要求而出版的。它突出煤矿班组长现场管理和实操实训内容,呈现出两个新的特点:一是将教材内容与数字化技术相结合,做成数字化互动式教材。教材对通过传统文字表述或者老师讲述很难形成直观认识的重点、难点内容,利用二维码图像技术,让学员通过手机扫码观看视频进行学习,从而提升班组长的学习兴趣,加深其对重点、难点知识的理解。二是注重实用性。本套教材着重介绍班组长岗位需求的法律法规、能力素质、业务技术、解决问题的方式方法等,避免过多理论叙述。

本套教材由中国平煤神马能源化工集团有限责任公司组织策划,中国矿业大学出版社出版,内容立足煤矿班组长学习、工作实际,以煤矿班组安全管理、安全事故预防措施和现场应急救援处置等为核心内容,坚持规律至上、学用结合的原则,有针对性地设计知识结构,模块化编排知识内容,数字化搭建知识通道,坚持把"实用、简约、易懂、交互"的理念贯穿整套教材的编写过程,进一步优化教材内容,把传统培训教材与现代互联网技术和新媒体平台相结合,创新编写出一套先进、实用并具有数字化特点的煤矿安全培训教材。

煤炭企业发展转型升级,人才队伍建设任重道远。当前,全国上下都在认真学习贯彻落实习近平总书记关于安全生产的重要论述,坚持关口前移、重心下移、抓基层、打基础,提高班组安全管理水平,促进煤炭企业安全生产形势持续稳定好转;大力加强班组安全建设,实现班组标准化、规范化管理,培育一支优秀的高素质煤矿班组长队伍,深入开展安全生产标准化工作,加强现场安全管理和隐患排查治理,提高煤矿企业现场安全管理水平。

衷心希望本套教材能够促进煤矿班组管理由经验管理型向科学管理型、由单一业务型向全面管理型转变,为促进煤矿企业治理体系与治理能力现代化贡献绵薄之力!

2021 年 8 月

序

　　班组是煤矿安全生产的基本单位,所有的生产活动都在班组中进行,班组工作的安全状况直接关系着煤矿的安全发展。班组长是企业的"兵头将尾",既是生产组织的领导者,也是直接生产的操作者,还是班组员工的技术技能教练、职业生涯发展指导者,更是全班人心中的"定海神针"。班组长要人品正、业务精,熟悉工艺流程,掌握操作规程;要胆大心细,有现场把控与应急处置能力,发现事故征兆,及时组织人员撤离,保障班组全员生命安全;要有执行力,能把各项规章制度和安全措施落实到现场、落实到岗位、落实到个人;要善于沟通协调,凝聚班组合力,提升班组整体的安全意识、责任能力和技术水平。

　　本人曾在班组长岗位工作20多年,深知煤矿班组长的困惑与期盼。有的人辛辛苦苦却经常出错,有的人兢兢业业却业绩平平,有的人干活不少却是"夹心饼"和"受气包"。成为一个合格的班组长,一要秉承"安全第一"理念,遵守安全管理制度,任何情况下都要把安全放在第一位,做到不安全不生产;二要在生产过程中注重质量,盯住细节,勤于检查,抓好落实,把隐患消灭在萌芽状态;三要刻苦学习,钻研技术,言传身教,带领工友努力成为行家里手和技术能手;四要以人为本,亲善求和,以人性化管理和亲情感召凝聚工友思想意志,努力形成安全生产的整体合力。班组长要想在平凡中创造不平凡的业绩,就要加强学习,不断提高思想意识与业务能力。

　　针对班组长岗位要求和特点,为提高班组长安全意识、加强和提升煤矿班组长安全技能和管理水平,中国平煤神马能源化工集团有限责任公司组织策划了采煤、掘进、机电、运输、通风 5 个专业煤矿班组长安全培训教材。本人有幸受邀参加了 2 次编审会,参与了部分审稿工作。总体感觉是这套教材有效回应了班组长的困惑与关切,不仅深入浅出地介绍了班组长工作中需要的安全基础知识、班组管理技能、安全技术与操作技能,而且对班组长心理素质、责任意识、能力培养、工作技巧、成长发展、应急避险等作了很好的引导;书中采用了最新的技术标准和最新的法律法规内容,内容全面,体例新颖,案例典型,经验先进,体现了系统性、科学性、针对性、实操性的特点;编写、审稿人员均来自煤矿安全管理、工程技术与安全培训一线,有技术骨干,也有权威专家,保证了这套教材的普适性与权威性。

　　相信这套教材的出版对促进煤炭行业班组长安全技能提升会起到积极的推动作用,也相信广大的班组长朋友能从中找到自己想要的答案或喜欢的内容,从而受益进步。

2021 年 8 月

前　言

　　班组是企业生产的最基层组织。安全生产法律法规、规程、标准和相关规章制度的贯彻落实，以及先进适用安全技术的推广应用，都要落实到班组、体现在现场。加强班组安全建设，实现班组标准化、规范化管理，是强化安全基础管理的重要组成部分，是夯实企业安全基础，创建本质安全型企业，推进企业安全健康发展的关键环节。

　　煤矿班组长作为企业的"兵头将尾"，是班组的灵魂和核心，既是管理者又是生产者。班组长大多是来自生产一线的优秀生产者，随着由生产者向管理者的转变，迫切需要"如何成为一名优秀的班组长"的指导。本套教材针对煤矿班组长的工作特点，内容立足煤矿现场生产管理，理论和实际相结合，突出煤矿班组安全管理、事故预防措施和现场应急救援处置等内容，有针对性地设计知识结构，数字化地搭建知识通道，坚持把"实用、简约、易懂、交互"的理念贯穿到整套教材的编写过程中，进一步优化教材内容，率先把传统教材与现代互联网技术和新媒体平台相结合，创新编写出一套先进、实用并具有数字化特点的煤矿安全培训教材。

　　本套教材以法律、法规对煤矿班组长安全知识和能力的要求为基础，充分考虑煤矿企业安全管理、用人特点以及对事故预防和救援的要求，深刻领悟培训助安的角色和任务，坚持规律至上、学用结合和导学、促学并重;以作业技能、事故预防和应急处置能力为教材内容核心,针对性地设计知识结构,模块化编排知识内容,数字化搭建知识通道,坚持用通俗的语言叙述专业难点,用易懂的技巧阐释操作要点,并率先应用现代互联网技术以及新媒体平台,为煤矿基层班组长、从事班组长管理或培训的人员、想成为班组长的技术工人提供精神食粮。

本套教材的内容编排呈现以下几个特点:

1. 教材与数字化技术相结合,做成数字化互动式教材,利用手机观看教材中配套的视频,从而达到提升班组长学习兴趣的目的。

2. 教材紧密结合煤矿生产实际,突出煤矿班组长能力素质与生产作业特点,注重煤矿生产技术与安全管理的前瞻性,坚持典型性与实效性相结合、能力提升与意识强化相结合,做到观点明确、案例鲜活、语言简洁、通俗易懂。

3. 教材简化理论叙述与原理描述,着重介绍班组长岗位需求的法律法规、能力素质、业务流程、操作要点、解决问题的方式方法。

4. 对于班组长需要掌握的常规性内容,比如煤矿生产工艺、急救包扎、心肺复苏、呼吸器的使用、入井常识等,借助书中的二维码,让学员通过手机扫码观看相关视频,便于复习巩固,从而将理论知识上升为实践经验。

5. 每一章学习结束后附有相应的练习题,以考查学员对该章内容的掌握情况,教师也可以结合学员的考试结果,对一些共性的错误或者掌握比较差的内容,有针对性地重点讲解。

6. 教材图文并茂,并引入一些可操作的案例,以提升学习的效果。

本套教材在编写中,得到了中国平煤神马能源化工集团有限责任公司、河南能源化工集团有限公司和中国矿业大学出版社等单位的大力支持。在此,谨向上述单位及相关领导表示衷心的感谢!

由于编者水平有限,书中难免存在疏漏、不妥之处,敬请广大读者及有关专家批评指正。

编　者

2021 年 8 月

目　录

第一部分　安全基本知识

第二部分　班组管理与班组建设

第三部分　安全技术与技能

第四部分 通风专业知识

第一部分　安全基本知识

第一章　安全生产方针及法律法规

第一节　安全生产方针及理念

一、安全生产方针

(一) 安全生产方针的内容

我国的安全生产方针是:安全第一,预防为主,综合治理。

(二) 安全生产方针的含义

"安全第一"要求从事生产经营活动必须把安全放在首位,实行"安全优先"的原则,不能以牺牲人的生命、健康为代价换取发展和效益。

"预防为主"要求把安全生产工作的重心放在预防上,强化隐患排查治理,风险分级管控等有效的事前预防措施,从源头上控制、预防和减少生产安全事故。

"综合治理"要求综合运用法律、经济、行政等手段,多管齐下,充分发挥社会、职工、舆论的监督作用,形成标本兼治、齐抓共管的格局。

二、习近平总书记关于安全生产的重要论述

习近平总书记
关于安全生产的
重要论述

习近平总书记关于安全生产的重要论述,系统回答了如何认识安全生产工作、如何做好安全生产工作等重大理论和现实问题,是安全生产经验教训的科学总结,是我们开展工作的根本遵循和行动指南。习近平总书记强调:

(1)始终把人民生命安全放在首位。

(2)认真吸取教训,注重举一反三,全面加强安全生产工作。

(3)牢固树立安全发展理念,坚决遏制重特大安全生产事故发生。

(4)坚定不移保障安全发展,坚决遏制重特大事故频发势头。

(5)守土有责敢于担当,完善体制严格监管,以对人民极端负责的精神抓好安全生产工作。

(6)树牢安全发展理念,加强安全生产监管,切实维护人民群众生命财产安全。

第二节　煤矿安全生产相关法律法规

一、《中华人民共和国安全生产法》

《中华人民共和国安全生产法》(以下简称《安全生产法》)是为了加强安全生产工作,防止和减少生产安全事故,保障人民群众生命和财产安全,促进经济社会持续健康发展而制定的。《全国人民代表大会常务委员会关于修改〈中华人民共和国安全生产法〉的决定》已由中华人民共和国第十三届全国人民代表大会常务委员会第二十九次会议于2021年6月10日通过,自2021年9月1日起

施行。

(一) 生产经营单位对从业人员负有教育、培训责任

《安全生产法》第28条规定："生产经营单位应当对从业人员进行安全生产教育和培训，保证从业人员具备必要的安全生产知识，熟悉有关的安全生产规章制度和安全操作规程，掌握本岗位的安全操作技能，了解事故应急处理措施，知悉自身在安全生产方面的权利和义务。未经安全生产教育和培训合格的从业人员，不得上岗作业。

"生产经营单位应当建立安全生产教育和培训档案，如实记录安全生产教育和培训的时间、内容、参加人员以及考核结果等情况。"

《安全生产法》第29条规定："生产经营单位采用新工艺、新技术、新材料或者使用新设备，必须了解、掌握其安全技术特性，采取有效的安全防护措施，并对从业人员进行专门的安全生产教育和培训。"

《安全生产法》第30条规定："生产经营单位的特种作业人员必须按照国家有关规定经专门的安全作业培训，取得相应资格，方可上岗作业。

"特种作业人员的范围由国务院应急管理部门会同国务院有关部门确定。"

(二) 生产经营单位安全生产的管理保障

《安全生产法》第35条规定："生产经营单位应当在有较大危险因素的生产经营场所和有关设施、设备上，设置明显的安全警示标志。"

安全标志是向工作人员警示工作场所或周围环境的危险状况，指导人们采取合理行为的标志。安全标志能够提醒工作人员预防危险，从而避免事故发生；当危险发生时，能够指示人们尽快逃离，或者指示人们

安全标志

采取正确、有效、得力的措施，对危害加以遏制。

安全标志由图形符号、安全色、几何形状或文字构成。安全标志分为禁止标志、警告标志、指令标志、提示标志、补充标志。

《安全生产法》第36条规定："安全设备的设计、制造、安装、使用、检测、维修、改造和报废，应当符合国家标准或者行业标准。

"生产经营单位必须对安全设备进行经常性维护、保养，并定期检测，保证正常运转。维护、保养、检测应当作好记录，并由有关人员签字。

"生产经营单位不得关闭、破坏直接关系生产安全的监控、报警、防护、救生设备、设施，或者篡改、隐瞒、销毁其相关数据、信息。

"餐饮等行业的生产经营单位使用燃气的，应当安装可燃气体报警装置，并保障其正常使用。"

（三）从业人员安全生产权利

1. 知情权和建议权

《安全生产法》第53条规定："生产经营单位的从业人员有权了解其作业场所和工作岗位存在的危险因素、防范措施及事故应急措施，有权对本单位的安全生产工作提出建议。"

2. 批评、检举、控告权和拒绝违章指挥权

《安全生产法》第54条规定："从业人员有权对本单位安全生产工作中存在的问题提出批评、检举、控告；有权拒绝违章指挥和强令冒险作业。

"生产经营单位不得因从业人员对本单位安全生产工作提出批评、检举、控告或者拒绝违章指挥、强令冒险作业而降低其工资、福利等待遇或者解除与其订立的劳动合同。"

3. 紧急避险权

《安全生产法》第55条规定："从业人员发现直接危及人身安全的紧急情况时，有权停止作业或者在采取可能的应急措施后撤

离作业场所。

"生产经营单位不得因从业人员在前款紧急情况下停止作业或者采取紧急撤离措施而降低其工资、福利等待遇或者解除与其订立的劳动合同。"

4. 工伤保险和伤亡请求权

《安全生产法》第52条规定:"生产经营单位与从业人员订立的劳动合同,应当载明有关保障从业人员劳动安全、防止职业危害的事项,以及依法为从业人员办理工伤保险的事项。

"生产经营单位不得以任何形式与从业人员订立协议,免除或者减轻其对从业人员因生产安全事故伤亡依法应承担的责任。"

《安全生产法》第56条规定:"生产经营单位发生生产安全事故后,应当及时采取措施救治有关人员。

"因生产安全事故受到损害的从业人员,除依法享有工伤保险外,依照有关民事法律尚有获得赔偿的权利的,有权提出赔偿要求。"

(四) 从业人员的安全生产义务

1. 服从管理的义务

《安全生产法》第57条规定:"从业人员在作业过程中,应当严格落实岗位安全责任,遵守本单位的安全生产规章制度和操作规程,服从管理,正确佩戴和使用劳动防护用品。"

2. 接受安全培训的义务

《安全生产法》第58条规定:"从业人员应当接受安全生产教育和培训,掌握本职工作所需的安全生产知识,提高安全生产技能,增强事故预防和应急处理能力。"

3. 不安全因素报告义务

《安全生产法》第59条规定:"从业人员发现事故隐患或者其他不安全因素,应当立即向现场安全生产管理人员或者本单位负责人报告;接到报告的人员应当及时予以处理。"

二、《中华人民共和国矿山安全法》

《中华人民共和国矿山安全法》(以下简称《矿山安全法》)是为了保障矿山生产安全,防止矿山事故,保护矿山职工人身安全,促进采矿业的发展而制定的。

《矿山安全法》第3条规定:"矿山企业必须具有保障安全生产的设施,建立、健全安全管理制度,采取有效措施改善职工劳动条件,加强矿山安全管理工作,保证安全生产。"

《矿山安全法》第7条规定:"矿山建设工程的安全设施必须和主体工程同时设计、同时施工、同时投入生产和使用。"

《矿山安全法》第15条规定:"矿山使用的有特殊安全要求的设备、器材、防护用品和安全检测仪器,必须符合国家安全标准或者行业安全标准;不符合国家安全标准或者行业安全标准的,不得使用。"

《矿山安全法》第26条规定:"矿山企业必须对职工进行安全教育、培训;未经安全教育、培训的,不得上岗作业。

"矿山企业安全生产的特种作业人员必须接受专门培训,经考核合格取得操作资格证书的,方可上岗作业。"

三、《中华人民共和国刑法》

《中华人民共和国刑法修正案(十一)》自2021年3月1日起施行。《中华人民共和国刑法》(以下简称《刑法》)中涉及安全生产的规定如下所列。

《刑法》第134条规定:"在生产、作业中违反有关安全管理的规定,因而发生重大伤亡事故或者造成其他严重后果的,处三年以下有期徒刑或者拘役;情节特别恶劣的,处三年以上七年以下有期徒刑。

"强令他人违章冒险作业,或者明知存在重大事故隐患而不排除,仍冒险组织作业,因而发生重大伤亡事故或者造成其他严重后果的,处五年以下有期徒刑或者拘役;情节特别恶劣的,处五年以上有期徒刑。"

《刑法》第134条之一规定:"在生产、作业中违反有关安全管理的规定,有下列情形之一,具有发生重大伤亡事故或者其他严重后果的现实危险的,处一年以下有期徒刑、拘役或者管制:

"(一)关闭、破坏直接关系生产安全的监控、报警、防护、救生设备、设施,或者篡改、隐瞒、销毁其相关数据、信息的;

"(二)因存在重大事故隐患被依法责令停产停业、停止施工、停止使用有关设备、设施、场所或者立即采取排除危险的整改措施,而拒不执行的;

"(三)涉及安全生产的事项未经依法批准或者许可,擅自从事矿山开采、金属冶炼、建筑施工,以及危险物品生产、经营、储存等高度危险的生产作业活动的。"

《刑法》第135条规定:"安全生产设施或者安全生产条件不符合国家规定,因而发生重大伤亡事故或者造成其他严重后果的,对直接负责的主管人员和其他直接责任人员,处三年以下有期徒刑或者拘役;情节特别恶劣的,处三年以上七年以下有期徒刑。"

《刑法》第139条之一规定:"在安全事故发生后,负有报告职责的人员不报或者谎报事故情况,贻误事故抢救,情节严重的,处三年以下有期徒刑或者拘役;情节特别严重的,处三年以上七年以下有期徒刑。"

四、《工伤保险条例》

《工伤保险条例》是为了保障因工作遭受事故伤害或者患职业病的职工获得医疗救治和经济补偿,促进工伤预防和职业康复,分散用人单位的工伤风险而制定的。

《工伤保险条例》第14条规定:"职工有下列情形之一的,应当认定为工伤：

"（一）在工作时间和工作场所内，因工作原因受到事故伤害的；

"（二）工作时间前后在工作场所内，从事与工作有关的预备性或者收尾性工作受到事故伤害的；

"（三）在工作时间和工作场所内，因履行工作职责受到暴力等意外伤害的；

"（四）患职业病的；

"（五）因工外出期间，由于工作原因受到伤害或者发生事故下落不明的；

"（六）在上下班途中，受到非本人主要责任的交通事故或者城市轨道交通、客运轮渡、火车事故伤害的；

"（七）法律、行政法规规定应当认定为工伤的其他情形。"

《工伤保险条例》第15条规定："职工有下列情形之一的，视同工伤：

"（一）在工作时间和工作岗位，突发疾病死亡或者在48小时之内经抢救无效死亡的；

"（二）在抢险救灾等维护国家利益、公共利益活动中受到伤害的；

"（三）职工原在军队服役，因战、因公负伤致残，已取得革命伤残军人证，到用人单位后旧伤复发的。

"职工有前款第（一）项、第（二）项情形的，按照本条例的有关规定享受工伤保险待遇；职工有前款第（三）项情形的，按照本条例的有关规定享受除一次性伤残补助金以外的工伤保险待遇。"

《工伤保险条例》第16条规定："职工符合本条例第14条、第15条的规定，但是有下列情形之一的，不得认定为工伤或者视同工伤：

"（一）故意犯罪的；

"（二）醉酒或者吸毒的；

"（三）自残或者自杀的。"

五、《生产安全事故报告和调查处理条例》

《生产安全事故报告和调查处理条例》是为了规范生产安全事故的报告和调查处理，落实生产安全事故责任追究制度，防止和减少生产安全事故而制定的。

（一）事故等级划分

《生产安全事故报告和调查处理条例》第 3 条规定："根据生产安全事故（以下简称事故）造成的人员伤亡或者直接经济损失，事故一般分为以下等级：

"（一）特别重大事故，是指造成 30 人以上死亡，或者 100 人以上重伤（包括急性工业中毒，下同），或者 1 亿元以上直接经济损失的事故；

"（二）重大事故，是指造成 10 人以上 30 人以下死亡，或者 50 人以上 100 人以下重伤，或者 5 000 万元以上 1 亿元以下直接经济损失的事故；

"（三）较大事故，是指造成 3 人以上 10 人以下死亡，或者 10 人以上 50 人以下重伤，或者 1 000 万元以上 5 000 万元以下直接经济损失的事故；

"（四）一般事故，是指造成 3 人以下死亡，或者 10 人以下重伤，或者 1 000 万元以下直接经济损失的事故。

"本条第一款所称的'以上'包括本数，所称的'以下'不包括本数。"

（二）事故报告

《生产安全事故报告和调查处理条例》第 4 条规定："事故报告应当及时、准确、完整，任何单位和个人对事故不得迟报、漏报、谎报或者瞒报。

"事故调查处理应当坚持实事求是、尊重科学的原则,及时、准确地查清事故经过、事故原因和事故损失,查明事故性质,认定事故责任,总结事故教训,提出整改措施,并对事故责任者依法追究责任。"

事故发生后,事故现场有关人员应当立即向本单位负责人报告。事故发生单位负责人接到事故报告后,应当立即启动事故相应应急预案,或者采取有效措施,组织抢救,防止事故扩大,减少人员伤亡和财产损失。

事故发生单位的负责人和有关人员在事故调查期间不得擅离职守,并应当随时接受事故调查组的询问,如实提供有关情况。负有事故责任的人员涉嫌犯罪的,依法追究刑事责任。

六、《煤矿安全培训规定》

《煤矿安全培训规定》是为了加强和规范煤矿安全培训工作,提高从业人员安全素质,防止和减少伤亡事故而制定的。

《煤矿安全培训规定》第 35 条规定:"对从事采煤、掘进、机电、运输、通风、防治水等工作的班组长的安全培训,应当由其所在煤矿的上一级煤矿企业组织实施;没有上一级煤矿企业的,由本单位组织实施。"

《煤矿安全培训规定》第 36 条规定:"煤矿企业新上岗的井下作业人员安全培训合格后,应当在有经验的工人师傅带领下,实习满四个月,并取得工人师傅签名的实习合格证明后,方可独立工作。

"工人师傅一般应当具备中级工以上技能等级、三年以上相应工作经历和没有发生过违章指挥、违章作业、违反劳动纪律等条件。"

《煤矿安全培训规定》第 37 条规定:"企业井下作业人员调整工作岗位或者离开本岗位一年以上重新上岗前,以及煤矿企业采用新工艺、新技术、新材料或者使用新设备的,应当对其进行相应的安全培训,经培训合格后,方可上岗作业。"

七、《煤矿重大事故隐患判定标准》

《煤矿重大事故隐患判定标准》是为了准确认定、及时消除煤矿重大事故隐患而制定的,自 2021 年 1 月 1 日起施行。

《煤矿重大事故隐患判定标准》第 3 条规定: "煤矿重大事故隐患包括下列 15 个方面:

煤矿重大事故
隐患判定标准

"(一)超能力、超强度或者超定员组织生产;

"(二)瓦斯超限作业;

"(三)煤与瓦斯突出矿井,未依照规定实施防突出措施;

"(四)高瓦斯矿井未建立瓦斯抽采系统和监控系统,或者系统不能正常运行;

"(五)通风系统不完善、不可靠;

"(六)有严重水患,未采取有效措施;

"(七)超层越界开采;

"(八)有冲击地压危险,未采取有效措施;

"(九)自然发火严重,未采取有效措施;

"(十)使用明令禁止使用或者淘汰的设备、工艺;

"(十一)煤矿没有双回路供电系统;

"(十二)新建煤矿边建设边生产,煤矿改扩建期间,在改扩建的区域生产,或者在其他区域的生产超出安全设施设计规定的范围和规模;

"(十三)煤矿实行整体承包生产经营后,未重新取得或者及时变更安全生产许可证而从事生产,或者承包方再次转包,以及将井下采掘工作面和井巷维修作业进行劳务承包;

"(十四)煤矿改制期间,未明确安全生产责任人和安全管理机构,或者在完成改制后,未重新取得或者变更采矿许可证、安全生产许可证和营业执照；

"（十五）其他重大事故隐患。"

八、《煤矿安全规程》

《煤矿安全规程》是煤矿企业必须遵守的法定规程，是为保障煤矿安全生产和从业人员的人身安全与健康，防止煤矿事故与职业病危害而制定的。班组长要认真学习并严格执行相关条款。

《煤矿安全规程》第 4 条规定："从事煤炭生产与煤矿建设的企业（以下统称煤矿企业）必须遵守国家有关安全生产的法律、法规、规章、规程、标准和技术规范。煤矿企业必须加强安全生产管理，建立健全各级负责人、各部门、各岗位安全生产与职业病危害防治责任制。"

《煤矿安全规程》第 8 条规定："从业人员有权制止违章作业，拒绝违章指挥；当工作地点出现险情时，有权立即停止作业，撤到安全地点；当险情没有得到处理不能保证人身安全时，有权拒绝作业。从业人员必须遵守煤矿安全生产规章制度、作业规程和操作规程，严禁违章指挥、违章作业。"

本章练习题

一、判断题

1. 从业人员在紧急情况下停止作业或者采取紧急撤离措施，煤矿可以解除与其订立的劳动合同。（　）

2. 从业人员在作业过程中，应当严格遵守本单位的安全生产规章制度和操作规程。（　）

3. 从业人员无权对本单位安全生产工作中存在的问题提出

批评、检举、控告。（ ）

4. 生产经营单位必须依法参加工伤保险,为从业人员缴纳保险费。（ ）

5. 生产、经营、储存、使用危险物品的车间、商店、仓库不得与员工宿舍在同一座建筑物内,并应当与员工宿舍保持一定安全距离。（ ）

6. 矿山建设工程的安全设施必须和主体工程同时设计、同时施工、同时投入生产和使用。（ ）

7. 矿山使用的有特殊安全要求的设备、器材、防护用品和安全检测仪器,必须符合国际安全标准。（ ）

8. 强令他人违章冒险作业,因而发生重大伤亡事故或者造成其他严重后果的,处五年以下有期徒刑或者拘役。（ ）

9. 井下作业人员必须熟练掌握自救器和紧急避险设施的使用方法。班组长应当具备兼职救护队员的知识和能力,能够在发生险情后第一时间组织作业人员自救互救和安全避险。（ ）

10. 事故报告应当及时、准确、完整,任何单位和个人对事故不得迟报、漏报、谎报或者瞒报。（ ）

二、单项选择题

1.《安全生产法》规定:生产经营单位应当向从业人员如实告知作业场所和工作岗位存在的( )、防范措施以及事故应急措施。

A. 危险因素　　　　B. 环境状况　　　　C. 设备状况

2.《安全生产法》规定:生产经营单位必须依法参加( ),为从业人员缴纳保险费。

A. 医疗保险　　　　B. 工伤社会保险　　C. 养老保险

3.《煤矿安全培训规定》规定:煤矿企业新上岗的井下作业人员安全培训合格后,应当在有经验的工人师傅带领下,实习满( ),并取得工人师傅签名的实习合格证明后,方可独立工作。

A. 一个月　　　　　B. 四个月　　　　　C. 六个月

4.《生产安全事故报告和调查处理条例》规定:较大事故,是造成( )死亡,或者10人以上50人以下重伤,或者1 000万元以上5 000万元以下直接经济损失的事故。

A. 30人以上　　　　B. 10人以上30人以下

C. 3人以上10人以下

5.《煤矿安全规程》规定:入井(场)人员必须戴安全帽等个体防护用品,穿( )工作服。入井(场)前严禁饮酒。

A. 带有反光标识的　B. 耐酸碱的　　C. 防辐射的

三、多项选择题

1.《安全生产法》规定:重大危险源是指长期地或者临时地( )危险物品,且危险物品的数量等于或者超过临界量的单元(包括场所和设施)。

A. 生产　　　　B. 搬运　　　　C. 使用　　　　D. 储存

2.《工伤保险条例》规定:下列情形中,应当认定为工伤的有( )。

A. 员工赵某在工作中被机器砸伤

B. 员工钱某在工作时,因醉酒导致操作不当而受伤

C. 员工孙某下班后清理机器时,机器意外启动受伤

D. 员工李某患职业病

3. 安全设备的设计、制造、安装、使用、检测、维修、改造和报废,应当符合( )。

A. 国家标准　　B. 国际标准　　C. 行业标准　　D. 地方标准

练习题答案

一、判断题

1. ×　2. √　3. ×　4. √　5. √6. √　7. ×　8. √

9. √ 10. √

二、单项选择题

1. A 2. B 3. B 4. C 5. A

三、多项选择题

1. ABCD 2. ACD 3. AC

第二章　煤矿职业健康

第一节　职业病基础知识

近年来,煤矿安全生产形势持续好转,安全生产事故、死亡人数大幅降低,但煤矿职业病发病率却依然较高。煤矿职业病是威胁劳动者身体健康及其相关权益的突出问题,也是广大职工最关心、最直接、最现实的利益问题。

一、职业病

(一) 职业病定义

职业病是指企业、事业单位和个体经济组织等用人单位的劳动者在职业活动中,因接触粉尘、放射性物质和其他有毒、有害因素而引起的疾病。

由此可见,职业病是劳动者因职业活动而产生的疾病,但并不是所有工作中得的病都是职业病。要构成法定职业病,必须具备四个条件,且这四个条件缺一不可。

(1) 患病主体是企业、事业单位和个体经济组织的劳动者。

(2) 必须是在从事职业活动过程中产生的。

(3) 必须是因接触粉尘、放射性物质和其他有毒、有害物质等职业病危害因素引起的。

（4）必须是国家公布的职业病分类和目录所列的职业病。

（二）职业病分类和目录

2013 年新修订的《职业病分类和目录》，将职业病分为 10 类 132 种。

二、职业病危害因素

（一）职业病危害因素及分类

职业病危害因素，也称为职业性有害因素，是指在职业活动中产生的（或）存在的、可能危害劳动者健康的各种因素。我国《职业病危害因素分类目录》将职业病危害因素分为粉尘、化学因素、物理因素、放射性因素、生物因素和其他因素 6 类 459 种。

（二）煤矿常见职业病危害因素

在煤矿生产中，主要的职业病危害因素有粉尘、有毒有害气体、噪声、振动和不良气候条件等。

（1）粉尘。粉尘是煤矿的主要职业病危害因素。在煤矿生产中，采煤、掘进、支护、提升运输、巷道维修等生产环节均会产生粉尘，这些粉尘可能引起煤工尘肺病。

（2）有毒有害气体。由于井下爆破、煤氧化与自燃等原因，矿井空气中含有甲烷（CH_4）、一氧化碳（CO）、二氧化碳（CO_2）、二氧化氮（NO_2）、硫化氢（H_2S）、二氧化硫（SO_2）、氨气（NH_3）等有毒有害气体，这些有毒有害气体会导致职业中毒。

（3）噪声和振动。煤矿噪声和振动主要来源于井下机械化生产，其危害取决于生产过程、生产工艺和所使用的工具，如风钻和局部通风机的噪声和振动等。长期在噪声中工作，可能造成听力下降，甚至引起耳聋；长期接触振动，可能导致局部疼痛，甚至引起内脏器官损伤。

（4）不良气候条件。煤矿井下不良气候条件包括温度高、湿度大，不同地点风速大小不等和温差大等。这些都对矿工的身体健康有很大的影响,长期在潮湿环境下工作的工人易患风湿性关节炎等疾病。

第二节 煤矿主要职业病防治

煤矿职业病危害防治工作直接关系到广大煤矿职工身体健康和生命安全,关系到经济发展和社会和谐稳定,也是有效防治煤矿职业病危害发生、促进煤炭工业高质量健康发展的需要。

一、煤矿主要职业病

我国煤矿常见职业病主要有尘肺病、噪声性耳聋、职业中毒、中暑、振动病等。

(一)尘肺病

尘肺病是指由于吸入生产性粉尘而引起的以肺组织弥漫性纤维化为主的疾病,是一种较严重的职业病。我国法定尘肺病有 13 种。煤矿常见的尘肺有硅肺、煤工尘肺、水泥尘肺等。

尘肺病人的临床表现主要是以呼吸系统症状为主的咳嗽、咳痰、胸痛、呼吸困难四大症状,此外尚有喘气、咯血以及某些全身症状。我国《职业性尘肺病的诊断》(GBZ 70—2015)将尘肺病分为三期:尘肺壹期、尘肺贰期和尘肺叁期。

(二)职业中毒

在生产环境中,受职业中毒危害因素的作用而引起的病变,称为职业中毒。职业中毒可对人的神经系统、血液系统、呼吸系统和消化系统产生影响,严重时会导致死亡。

(三)噪声性耳聋

噪声性耳聋是由于长期处于强噪声环境中而引起的一种缓慢进行的耳聋。职业性噪声聋是法定职业病。长期在强噪声的环境中工作容易引起听觉系统的损害,形成耳聋,同时还可能引起对人体其他系统的损害。

（四）振动病

振动病一般是对局部振动而言的，它主要是由于局部肢体（主要是手）长期接触强烈振动而引起的。人体长期受低频、大振幅的振动作用时，由于振动加速度的作用，可使自主神经功能紊乱，引起皮肤外周血管循环改变，久而久之，可出现一系列病理改变。

（五）中暑

中暑是指由于高温环境引起的人体体温调节中枢的功能障碍，汗腺功能失调和水、电解质平衡紊乱所导致的疾病。中暑是我国法定职业病。

二、主要职业病危害因素防治

（一）尘肺病危害因素防治

1. 煤矿粉尘的监测

煤矿开展粉尘监测是为了贯彻落实国家职业卫生安全法律法规，预防控制和消除煤矿粉尘危害，保护煤矿工人身体健康和安全。井工煤矿的采煤工作面回风巷、掘进工作面回风侧应当设置粉尘浓度传感器，并接入安全监测监控系统。

2. 煤矿粉尘防治技术

煤矿防尘技术是以各种技术手段减少粉尘的产生及降低其浓度的措施，具体有减尘技术、降尘技术、通风排尘和个体防护技术等。

（1）减尘技术。减尘就是减少和抑制尘源产尘。煤层注水、采空区灌水预湿煤体，湿式凿岩和湿式打眼，采用水封爆破和水炮泥，改革截齿和钻具，寻求采煤机最佳工作参数等，都属于减尘技术措施。

（2）降尘技术。降尘技术措施是矿井综合防尘的重要环节，现行的降尘技术措施主要包括各产尘点的喷雾洒水，如采煤机的内、外喷雾,支架喷雾,应用降尘剂,泡沫除尘,装岩洒水及巷道净化水幕等。

（3）通风排尘。通风排尘是通过合理通风稀释与排出矿井空气中的粉尘。在井下作业过程中,虽然主要生产环节都采取了相应的防尘降尘措施,但仍有一部分粉尘（绝大多数是呼吸性粉尘）悬浮于作业场所空气中难以沉降下来,如果不及时通风稀释与排出,将由于粉尘的不断积累而造成矿井内空气严重污染,危害矿工的身心健康。

（4）个体防护。个体防护是防止粉尘进入呼吸系统的最后一道防线,也是技术防尘措施的必要补救。个体防尘用具主要包括防尘面罩、防尘帽、防尘呼吸器、防尘口罩等,其目的是使佩戴者既能呼吸净化后的洁净空气,又不影响正常操作。

3. 粉尘的防护要求

《煤矿安全规程》规定:"井工煤矿炮采工作面应当采用湿式钻眼、冲洗煤壁、水炮泥、出煤洒水等综合防尘措施。""井工煤矿采煤工作面回风巷应当安设风流净化水幕。""井工煤矿掘进井巷和硐室时,必须采取湿式钻眼、冲洗井壁巷帮、水炮泥、爆破喷雾、装岩（煤）洒水和净化风流等综合防尘措施。""井下煤仓（溜煤眼）放煤口、输送机转载点和卸载点,以及地面筛分厂、破碎车间、带式输送机走廊、转载点等地点,必须安设喷雾装置或者除尘器,作业时进行喷雾降尘或者用除尘器除尘。"

（二）噪声性耳聋危害因素防治

1. 噪声对健康的危害

长期处于强噪声环境中对劳动者的听觉系统产生影响,可引起一种缓慢进行的耳聋——噪声性耳聋。职业性噪声聋是法定职业病。《职业性噪声聋的诊断》中将噪声聋分为轻度噪声聋、中度噪声聋和重度噪声聋。

长时间接触噪声除引起听力损伤外,还可引发消化不良、食欲不振、恶心呕吐、头痛、心跳加快、血压升高、失眠等全身性病症。

2. 噪声防护要求

《煤矿安全规程》第 657 条规定:"作业人员每天连续接触噪声时间达到或者超过 8 h 的,噪声声级限值为 85 dB(A)。每天接触噪声时间不足 8 h 的,可以根据实际接触噪声的时间,按照接触噪声时间减半、噪声声级限值增加 3 dB(A)的原则确定其声级限值。"

3. 煤矿噪声的防治原则

(1) 消除、控制噪声源。消除、控制噪声源是噪声危害控制最积极、最彻底、最有效的根本措施。通过改进机械设备的结构原理,改变加工工艺,提高机器的精密度,减少摩擦和撞击,提高装配质量以实现对声源的控制,使强噪声变为弱噪声。

(2) 控制噪声的传播。在噪声传播过程中,采用吸声、隔声、消声、减震的材料和装置,阻断和屏蔽噪声的传播,或使声波传播的能量随距离增加而衰减。

(3) 个体防护。在上述措施均未达到预期效果时,应对工人进行个体防护。如采用降声棉耳塞、防声耳塞或佩戴耳罩、头盔等防噪用品。

(三) 中暑危害因素防治

1. 矿井高温对人体的危害

劳动者在煤矿井下高温作业环境中工作一定时间后,会出现头晕、头痛、乏力、口渴、多汗、心悸、注意力不集中、动作不协调等中暑先兆症状,体温正常或略有升高但低于 38.0 ℃,可伴有面色潮红、皮肤灼热等症状,损害井下作业人员的身体健康,情况严重时会导致中暑等疾病。

我国通常将中暑分为热痉挛、热衰竭和热射病。热痉挛是一种短暂、间歇发作的肌肉痉挛,伴有收缩痛,及时处理后,一般可在短时间内恢复。热衰竭一般起病迅速,表现为多汗、皮肤湿冷、面色苍白、恶心、头晕、少尿等,体温常升高但不超过 40 ℃,可伴有眩晕、晕厥。热衰竭如得不到及时诊治,可发展为热射病。热射病表现为乏力、头痛、头晕、恶心、呕吐等,典型症状为急速高热,皮肤干热和不同程度的意识障碍,严重者可引起多器官功能障碍,常可遗留神经系统后遗症。

2. 高温热害防护要求

《煤矿安全规程》第 655 条规定:"当采掘工作面空气温度超过 26 ℃,机电设备硐室超过 30 ℃时,必须缩短超温地点工作人员的工作时间,并给予高温保健待遇。当采掘工作面的空气温度超过 30 ℃、机电设备硐室的空气温度超过 34 ℃时,必须停止作业。"

(四) 职业中毒危害因素防治

在矿井空气中,由于多种原因可能存在甲烷(CH_4)、一氧化碳(CO)、二氧化碳(CO_2)、氧化氮(NO)、硫化氢(H_2S)及二氧化硫(SO_2)等有毒有害气体。

《煤矿安全规程》第 660 条规定:"监测有害气体时应当选择有代表性的作业地点,其中包括空气中有害物质浓度最高、作业人员接触时间最长的作业地点。"煤矿应当对氧化氮(换算成 NO_2)、一氧化碳(CO)、二氧化硫(SO_2)至少每 3 个月监测 1 次,硫化氢(H_2S)至少每月监测 1 次。

第三节　职业健康监护

一、职业健康监护的概念

(一) 职业健康监护的内容

职业健康监护主要包括职业健康检查、离岗后健康检查、应急健康检查和职业健康监护档案管理等内容。

（二）职业健康检查

通过医学手段和方法，针对劳动者所接触的职业病危害因素可能产生的健康影响和健康损害进行临床医学检查，了解受检者健康状况，早期发现职业病、职业禁忌证和可能的其他疾病和健康损害的医疗行为。职业健康检查包括上岗前、在岗期间、离岗时健康检查。

（三）煤矿职业检查

《煤矿安全规程》第 663 条规定："煤矿企业必须按照国家有关规定，对从业人员上岗前、在岗期间和离岗时进行职业健康检查，建立职业健康档案，并将检查结果书面告知从业人员。"

煤矿企业应当为从业人员建立职业健康监护档案，并按照规定的期限妥善保存。从业人员离开煤矿企业时，有权索取本人职业健康监护档案复印件，煤矿企业必须如实、无偿提供，并在所提供的复印件上签章。

二、煤矿职业病诊断

（一）职业病诊断

劳动者可以在用人单位所在地、本人户籍所在地或者经常居住地依法承担职业病诊断的医疗卫生机构进行职业病诊断。劳动者依法要求进行职业病诊断的，职业病诊断机构不得拒绝劳动者进行职业病诊断的要求，并告知劳动者职业病诊断的程序和所需材料。

（二）职业病鉴定

当事人对职业病诊断机构作出的职业病诊断有异议的，可以在接到职业病诊断证明书之日起 30 日内，向作出诊断的职业病诊断机构所在地设区的市级卫生健康主管部门申请鉴定。劳动者对设区的市级职业病鉴定结论不服的，可以在接到诊断鉴定书之日起 15 日内，向原鉴定组织所在地省级卫生健康主管部门申请再鉴定，省级鉴定为最终鉴定。

三、劳动者在职业病防治中的权利

《中华人民共和国职业病防治法》第 39 条规定,劳动者享有职业卫生保护权利,包括获得职业卫生教育、培训;获得职业健康检查、职业病诊疗、康复等职业病防治服务;了解工作场所产生或者可能产生的职业病危害因素、危害后果和应当采取的职业病防护措施;要求用人单位提供符合防治职业病要求的职业病防护设施和个人使用的职业病防护用品,改善工作条件;对违反职业病防治法律、法规以及危及生命健康的行为提出批评、检举和控告;拒绝违章指挥和强令进行没有职业病防护措施的作业;参与用人单位职业卫生工作的民主管理,对职业病防治工作提出意见和建议的权利。用人单位应当保障劳动者行使上述所列权利。因劳动者依法行使正当权利而降低其工资、福利等待遇或者解除、终止与其订立的劳动合同的,其行为无效。

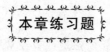

本章练习题

一、判断题

1. 职业病是指企业、事业单位和个体经济组织等用人单位的劳动者在职业活动中,因接触粉尘、放射性物质和其他有毒、有害因素而引起的疾病。(　)

2.《职业病分类和目录》将职业病分为 10 类 115 种。(　)

3. 我国煤矿主要职业病危害因素包括粉尘、有毒有害气体、噪声、振动和不良气候条件等。(　)

4. 劳动者可以在用人单位所在地、劳动者本人户籍所在地或经常居住地的职业病诊断机构申请职业病诊断。(　)

5.《煤矿安全规程》规定:井工煤矿掘进机作业时,应当采用

内、外喷雾及通风除尘等综合措施。（　）

6.《煤矿安全规程》规定:井工煤矿采煤工作面回风巷应当安设风流净化水幕。（　）

二、单项选择题

1. 我国法定尘肺病有（　）种。

A. 12　　　　　　　B. 13　　　　　　　C. 14

2. 煤层注水、采空区灌水预湿煤体,湿式凿岩和湿式打眼等防尘措施在煤矿防尘技术措施中属于（　）。

A. 减尘措施　　　B. 降尘措施　　　C. 通风除尘措施

3. 采掘工作面的空气温度超过 30 ℃、机电设备硐室的空气温度超过 34 ℃时,必须（　）。

A. 缩短工作时间　　B. 停止作业　　　C. 减少劳动人员

4. 劳动者对职业病诊断机构作出的职业病诊断有异议的,可以在接到职业病诊断证明书之日起（　）日内申请鉴定。

A. 15　　　　　　　B. 20　　　　　　　C. 30

三、多项选择题

1. 劳动者进行职业病诊断时所需资料包括（　）。

A. 劳动者职业史

B. 职业病危害接触史

C. 劳动者职业健康检查结果

D. 工作场所职业病危害因素检测结果

2. 劳动者享有的职业卫生保护权利,下列说法正确的是（　）。

A. 获得职业卫生培训的权利

B. 拒绝从事职业病危害作业的权利

C. 获得职业病康复服务的权利

D. 拒绝违章指挥的权利

练习题答案

一、判断题

1. √ 2. × 3. √ 4. √ 5. √ 6. √

二、单项选择题

1. B 2. A 3. B 4. C

三、多项选择题

1. ABCD 2. ACD

第二部分 班组管理与班组建设

第三章 班 组 管 理

班组是在劳动分工的基础上,把生产过程中相互协同的同工种工人、相近工种的工人组织在一起,从事生产活动的一种组织。

班组管理是指班组所进行的计划、组织、协调、控制、监督和激励等管理活动,其职能在于对班组的人、机、物、法、环、信要素进行合理组织、有效利用,并通过现场管理工具的运用,使班组的产量、质量、成本、安全、士气、劳动情绪全面得到落实。

第一节 班组管理的执行者——班组长

一、班组长的角色定位

班组长是班组安全生产第一责任人,这样一种角色定位是基于煤矿企业的现实出发的。班组是煤矿最小的作业单位,班组长作为一班之长,理应承担起安全生产管理的重任。在煤矿企业的各级安全管理人员中,班组长长期处在生产第一线,对生产现场的安全状况最为了解。因此,在煤矿生产作业中,依靠班组长的监督和管理,煤矿生产才能真正保证安全。班组长要以完成任务为前提,以保证安全为根本,做好安全生产的把关人,预防各类生产事故的发生。

班组长是管理者。我们说班组长是企业的"兵头将尾",想表明的观点就是煤矿班组长既是管理者，又是生产的直接参与者和实施者，既是指挥员，又是战斗员。我们说班组长是"将尾"，是指班组长居于企业管理序列的终端，既管人又管事。班组是煤炭企业中介于区队和员工之间的行政组织，班组的负责人比区队干部与员工更近，接触员工更多，了解员工更深。这种位置决定了它是直接组织员工开展各项工作的管理主体。我们说班组长是"兵头"，是指班组长居于企业普通员工的最前列，也可以说是企业的核心员工。不过，班组长一般都不是脱产人员，还往往同时从事某一工种的工作，都参加现场的生产劳动，既是指挥员又是战斗员，甚至有一部分班组长还有自己的现场任务指标。对班组长的考评一般包括班组整体任务的平均完成情况和个人指标完成情况两部分。

班组长是员工的"主心骨"。企业班组长一般都是由经验丰富，有很强的实际问题处理能力的职工担任，在职工中享有很高的威信。生产中职工听从班组长调度，生活中职工喜欢和班组长沟通交流，工作听班组长指挥，遇事同班组长商量。班组长不仅是职工的领导、同事，还是职工的好朋友和"主心骨"。

班组长是"桥梁"和"纽带"。班组长是沟通职工与煤矿区队以上管理者的"桥梁"。上级的政策、制度、管理思想需要班组长向职工传达，职工的状态、诉求也需要通过班组长向上级反映。通过班组文化建设等系列方式方法，将班组员工紧紧地团结在一起，班组长"桥梁""纽带"的作用不可替代。

二、班组长的工作职责

（1）安全管理职责：坚持"安全第一、预防为主、综合治理"的方针，抓好现场安全教育，严格执行煤矿"三大规程"以及上级有关安全生产方面的政策、法规，确保安全生产；配合区队做好风险分级管控和隐患排查治理以及安全培训。

(2) 生产管理职责:根据区队安排的生产工作指标,分配本班组员工工作,具体掌握工作进度,组织员工搞好现场文明生产、设备管理、劳动管理和备品备件、工器具及材料的管理工作,开展增产节约、增收节支活动,全面完成各项生产、技术、经济效益指标。

(3) 质量管理职责:牢固树立"质量第一"的思想,不断增强质量意识,严格执行操作规程,推广运用各种质量管理手段,严把质量关,全面提高质量水平和生产环境水平。

(4) 团队建设职责:综合运用"自我超越、改善心智模式、建立共同愿景、团队学习、系统思考"等方法,让班组中的每一名员工都能够发挥自身的价值,感受到"不可或缺",进而"人人尽责",建成"卓越团队"。

三、班组长的成长途径

班组长的成长有三条基本路径:管理人才、技术人才和技能人才。

班组长由于其独特的角色和职能定位,成长速度是很快的,也能够达到成长的圆满,成就一个可以从事终身的职业。因此,不管是从企业环境还是班组建设的长远发展来看,都有必要打通班组长的成长通道,拓宽班组长的成长空间。

(一) 管理人才

这个途径是大部分班组长成长所看重的主要途径,也是最受关注、竞争最激烈的途径,只有少数班组长可以实现。优秀的班组长一般都希望能逐步成长为各级管理者,要达到这个目标,需要班组长在现任岗位上不断提升政治素质、业务素质和工作能力,不断创出业绩外,还需要利用现有工作平台锤炼宏观决策、全局观察等站位更高的能力,特别是要强化团队使命、沟通等能力,真正提高领导力,为承担更加大的责任打下深厚的基础。同时,企业要营造高度重视班组建设的氛围,制定有利于班组长成长为管理人才的相关政策,明确并坚持"行政管理干部提拔必须有班组长任职经历"的规定,让更多更优秀的班组长顺利走向更高的管理岗位。

(二) 技术人才

部分班组长具有专业技术职称,除管理好本班组行政事务之外,还会拿出相当一部分精力放在专业技术相关领域,参与技术措施的制订,不断学习,提升专业技术素质。这一部分班组长在完成班组管理使命之后,完全可以转向专业技术领域,走技术员、助理工程师、工程师、高级工程师、教授级高级工程师的成长道路,成为企业不可或缺的重要人才。选择走专业技术道路的班组长在现有岗位上要注意锤炼自身的专业技术素质,注重国内甚至是国际行业发展动态和趋势,做好自身专业技术知识的更新和迭代,始终保持知识储备与行业发展同步、相适应。选择走专业技术道路的班组长要保持正确的认知,了解自身的特征与成长道路的对应性,明确"适合自己的才是最好的",对走专业技术道路充满信心。

(三) 技能人才

班组长一般都有一技之长,在担任班组长前,许多人都是某一领域或某一方面的技能人才,是有"绝活""绝技"的核心员工。在担任班组长的同时,可以选择走技能人才成长的道路,走技工、技师、高级技师的通道,甚至可以争取获得"首席技师""首席技能大师"等荣誉称号。技能人才的成长道路是班组长成长的主要通道,也是大部分班组长获取精彩人生的重要。选择这一方向,班组长需要保持对擅长领域或工艺的高度关注和喜爱,提高自己的专注度,将"精益求精"作为自己技术操作的重要理念和养成标准,不断加强相关领域技术标准的学习和操作能力的锻炼。同时,企业要为技能人才的成长创造良好的环境,广泛开展"革新创造竞赛""技术比武""工艺命名"等活动,让技能人才尽早脱颖而出。

第二节 班组的安全管理

一、班组安全管理体系

煤矿班组安全管理是煤矿安全基础管理的重要组成部分。班组是煤矿安全生产的最基层组织,煤矿安全生产法律法规、规程、标准和相关规章制度的贯彻落实,以及先进、实用安全技术的推广应用,都要落实到班组、体现在现场。安全管理关口前移,实现班组规范化管理和标准化建设,是夯实煤矿安全基础,创建本质安全型煤矿,推进煤矿企业安全发展和可持续发展的关键环节。煤矿班组安全管理的首要内容是建立和健全管理体系,具体为:

(1) 建立以班组长为责任人的管理体系;

(2) 落实班组成员岗位职责;

(3) 健全班组信息管理体系。

二、班组安全工作职责

煤矿班组的安全工作职责是:认真执行安全生产法规和本企业、本单位的安全操作规程,对所辖生产范围内工人的安全健康负责;经常教育本班组工人正确使用生产工具、防护用品、安全装置,并检查使用情况;教育工人注意环境安全,及时消除生产过程中的隐患;对本班组工人进行安全操作方法指导,并经常检查本班人员安全操作规程的遵守情况;有权拒绝上级不符合安全生产、文明生产的指令和意见;如发生事故,应立即报告本单位有关主管部门,并采取应急处置措施。

(1) 制订和实现安全工作目标。煤矿的班组应该根据自己班组的实际情况制订班组安全目标,明确责任,落实措施,严格实行考核奖励以激励全体班组成员参加全员、全面、全过程的安全生产管理,主动按照安全生产的目标和安全生产责任制的要求落实安全措施,消除人的不安全行为和物的不安全状态。

(2) 建立班组安全管理制度。煤矿班组安全管理制度有很多,是指导、维持安全管理和安全作业的依据,因此应当具有较强的针对性和可操作性,这样才能真正促进安全生产。目前有些煤矿企业班组管理基本上是班组长个人说了算,凭经验管理,班组制度说变就变,说改就改,既影响了班组长的管理权威,又伤害了安全制度的连续执行。而制定高透明的制度并保证其可执行、可操作的关键,一是区队等各级领导的参与及支持,二是制度本身的科学与合理性,三是班组长个人素质的全面提高。

(3) 组织实施操作规程。操作规程是煤矿各实际操作岗位现场操作的基本指南,是为了保证人员安全和设备安全而制定的,是操作者必须遵守的操作活动规则。首先,班组除了要认真贯彻执行工种操作规程外,还要根据形势的变化和生产的发展及时收集资料、总结经验,为安全操作规程的修改、充实提出意见和建议。其次,操作规程必须得到全面的落实。

(4) 班组作业现场安全检查。安全检查方式主要包括日常检查、定期检查、不定期检查、专项检查等。安全检查的内容是查安全意识、查安全管理制度、查劳动纪律、查事故隐患。

(5) 落实班组安全文化建设。班组安全文化建设的核心是培育全体职工都认同的安全理念、安全愿景,进而培育班组全体成员"安全第一"的意识,逐步实现从"要我安全"到"我要安全""我会安全""我能安全"的意识转变。

三、班组安全管理制度

(一) 班组安全管理制度的作用

煤矿班组建立规范的安全管理制度,是实现班组安全目标的有力措施和手段。安全管理制度作为班组员工行为规范的模式,可以帮助员工个人的活动得以安全合理进行,同时又成为维护员工共同安全利益的一种强制手段。

(二) 安全生产规章制度的执行

管好安全工作,关键在领导。安全生产规章制度能否得到很好的执行,取决于班组长的思想认识。班组应该按照本单位实际情况,制定奖惩办法及实施细则,做好原始记录,定期汇总上报。要经常检查安全生产规章制度的贯彻执行情况,发现问题及时解决。

(三) 班组安全管理的主要制度

班组安全管理制度主要包括安全生产责任制度、安全培训制度、安全会议制度、交接班制度、安全技术岗位练兵制度、文明生产制度、质量管理制度、风险分级管控制度、安全隐患排查制度、安全检查考核制度、奖惩制度、员工安全权益维护制度等。

第三节 班组的现场管理

一、班组现场安全管理

班组现场安全管理是指班组工作现场的管理,包括现场安全、现场生产、现场质量和环境、现场培训。

二、班组现场管控的六大要素

搞好班组现场安全管控,就是要求班组长对作业现场的人、机、物、法、环、信进行综合的、统一的管理和控制,及时消除不利因素,创造良好环境,确保安全生产。

(1) 人。人就是指现场工作人员。班组现场管理,人员管理是关键。人员配备的基本要求:能发挥班组人员的专长和积极性;能使每个班组人员都有明确的、互补的职责;能保证班组人员都有足够的工作量。

(2)机。机是指班组现场中要使用的各种机器设备。班组现场设备操作的要点归纳起来有"三好""四会""五项纪律"。

三好:管好设备、用好设备、修好设备。

四会:会使用、会维护、会检查、会排除故障。

五项纪律:实行定人定机、保持设备整洁、遵守交接班制度、管好工具、发现异常立即停机。

(3)物。物是指为了保证生产合理进行,班组生产现场须按生产计划、工作指派,向物料管理部门和仓储单位领取的物料。

班组长对现场物料的使用要从以下几个方面入手:合格证的管理、物料的动向、物料的摆放、物料不使用时的封存、剩余物料的处理。

(4)法。法是指班组现场管理的方法、生产过程需要的规程和制度等。工作方法分为措施落实法、工作汇报法、看板管理法、作业标准化法、现场管理法。

(5)环。环是指班组成员在从事生产劳动的场所的现场安全状况。

(6)信。信是指班组现场管理中的各种有效信息。

三、班组现场管控的八项工作

(1)落实会议制度。

(2)严格交接班。

(3)执行"三大规程"。

(4)质量动态达标。

(5)隐患排查。

(6)落实生产权益。

(7)发挥监督员作用。

(8)职业危害防治。

班组现场管控
的八项工作

四、班组的现场生产准备

班组现场生产准备流程如图 3-1 所示。

图 3-1　班组现场生产准备流程图

本章练习题

一、判断题

1. 班组是企业中的基本作业单位,是企业内部最基层、最基本的组织,是连接企业与员工的平台,在企业组织建设与管理中居于决定性地位。(　　)

2. 安全管理职责:坚持"安全第一、预防为主、综合治理"的方针,抓好现场安全教育,严格执行煤矿"三大规程"以及上级有关安全生产方面的政策、法规,确保安全生产。(　　)

3. 煤矿班组安全管理的主要内容首先是应该建立和健全安全管理体系。(　　)

4. 班组长既是安全管理者,承担着安全管理、技术指导、组织生产、协调生产、劳务分配等各项工作,又是传达各级精神指示的中间环节。(　　)

5. 目标管理是现代企业管理的一个重要手段,安全目标管理是煤矿企业安全管理工作的核心内容。(　　)

6. 操作规程是煤矿各实际操作岗位现场操作的根本指南,是为了保证人员安全和设备安全而制定的,是操作者必须遵守的操作活动规则。( )

7. 搞好班组现场安全管控,就是要求班组长对作业现场的人、机、物、法、环、信进行综合的、统一的管理和控制,及时消除不利因素,创造良好环境,确保安全生产。( )

二、单项选择题

1. ( )责任制是安全生产责任制的具体细节,也是各工种岗位安全生产职责的统一行为准则。

A. 工种岗位　　B. 班组长　　C. 第一生产

2. 班组( )建设的核心是培育全体职工都认同的安全理念、安全愿景。

A. 生产文化　　B. 团队文化　　C. 安全文化

3. 煤矿安全生产法律法规、规程、标准和相关规章制度的贯彻落实以及先进适用安全技术的推广应用,最终都要落实到( ),体现在( )。

A. 单位现场　　B. 班组单位　　C. 班组现场

4. 煤矿班组建立规范的( )制度,是实现班组安全目标的有力措施和手段。

A. 安全责任　　B. 安全生产　　C. 安全管理

5. 煤矿安全生产( )监督员是煤矿班组安全现场管理的一个重要岗位。

A. 安全　　　　B. 责任　　　　C. 群众

三、多项选择题

1. 班组长既是安全管理者,承担着( )、协调生产、劳务分配等各项工作,又是传达各级精神指示的中间环节。

A. 安全管理　B. 效益质量　C. 组织生产　D. 技术指导

2. 煤矿班组安全管理制度有很多,它是指导、维持安全管理、安全作业的依据,所以应当具有较强的( ),这样才能真正促进安全生产。

A. 针对性　　B. 具体性　　C. 示范性　　D. 可操作性

3. 班组作业现场安全检查。方式主要包括( )、连续性检查等。

A. 日常检查　B. 定期检查　C. 不定期检查　D. 专业性检查

练习题答案

一、判断题

1. ×　2. √　3. ×　4. √　5. √　6. ×　7. √

二、单项选择题

1. A　2. C　3. C　4. C　5. C

三、多项选择题

1. ACD　2. AD　3. ABCD

第四章　班组建设

第一节　班组建设的概念与原则

一、班组建设的概念

班组建设是指围绕现场管理,把班组打造成规范化的最小组织单位,通过制订工作标准、完善工作标准、贯彻执行及考核工作标准、规范基础管理、建立现场管理规章制度等措施的运用,使班组的产量、质量、成本、安全、士气、劳动情绪全面得到提升。

二、班组建设需要遵循的原则

（一）以人为本原则

班组建设的关键是人的管理,人是班组建设的实践主体,班组建设的各项目标和任务要求,只有通过人的行动才能得到落实和执行。班组长要落实"以人为本"的原则,关键就是要在班组建设的各个环节,把人放在第一位去思考、把握,要从"人"的角度寻找班组建设的突破口,找准班组建设的切入点,充分做好"以人为本"。

（二）协调发展原则

班组建设工作内容丰富,涵盖面广,集质量、安全、生产、工艺、劳动纪律等于一身,因此,煤矿班组建设工作需协调发展。协调发展的内容包括:安全与生产的协调发展、团队建设与人的全面成长的协调发展、政治教育与业务培训的协调发展、严格管理与和谐建设的协调发展、经济效益与质量管控的协调发展、工作创新与夯实基础的协调发展、精神鼓励与奖惩兑现的协调发展等。

(三) 创新发展原则

创新的灵魂就是"变"。煤矿班组长要有改变、变化和变革的意识,要从日常工作做起,从发现现场细节漏洞、生产工艺流程和设备存在的不完善的地方去改进,从发现班组管理、现场管理、内部管理当中有不完善的地方去改进,这就是创新。要组织职工开展"五小"竞赛、技术会诊和科研攻关等活动,让小点子、小革新、小发明点燃每一名职工的创新火花。要在大力发展科技攻关、技术革新、优化设计、改进工艺的同时,大力推进管理创新、党建创新、制度创新和文化创新,用创新成果积累的经验,解决制约和影响本班组发展的瓶颈问题。

第二节　班组建设的主要内容

一、班组安全建设

以"五个到位"(安全措施到位、现场管理到位、干部带班到位、监督检查到位、责任追究到位)为统领,全面落实班组安全生产各项管理制度,不断夯实安全基础。推行班组安全生产风险预控管理,完善班组安全生产目标控制考核激励约束制度,将安全生产作为推优评先、效益工资分配的"一票否决"指标。

二、班组生产建设

完善以班组长为核心的生产指挥、组织协调、岗位协作等职能,强化班组生产目标管理,细化、量化工作任务,增强班组生产管理的计划性、可控性。

三、班组技能建设

以培养高素质、高技能、适应性强的职工队伍为目标,通过开展岗位培训、岗位练兵、读书自学等活动,激发职工的学习热情,全面提升职工的技能水平、服务水平、协作能力和自主创新能力,把组织职工学习创造作为班组持续创新、员工持续成长、组织持续提升的重要抓手。

四、班组文化建设

完善以弘扬改革创新精神、培育个人愿景、加强感恩教育和提升执行力为主要内容的班组文化建设,制订和完善职工行为规范。要以企业愿景为平台,把职工的个人愿景融入团队的使命中,培育职工共同价值理念和团队意识,建立班组良好的人文氛围与沟通平台,构建和睦的人际关系,加强班组间的协作配合,努力把班组建设成一支精干、高效的团队。

五、班组和谐建设

坚持用科学发展观和新时代中国特色社会主义理论武装职工头脑,加强职工思想政治教育、遵纪守法教育及企业精神教育。经常开展职工谈心活动,形成良好的班组氛围,及时化解矛盾,理顺情绪,解决实际问题。尊重职工的主人翁地位,坚持和完善班务公开、班组民主生活会等民主管理形式,保障职工对班组工资奖金分配、先进评选等事项的参与权、监督权,以及平等享有教育、培训、职业健康等的权利。

第三节　班组建设基本方法

一、班组的日常管理

班组的日常管理是指班组建设的体制、机制问题,也就是"班组建设谁来抓"和"抓什么"的问题。班组建设是一项系统工程,要齐抓共管,系统推进,努力形成"党委主导、行政主体、工会协调、部门联动、全员参与"的工作机制。

班组建设的日常管理包括:

(1)班组安全思想教育,含班前会思想教育、案例教育、现身说法、案例分析、班组成员身心调适等。

(2)班组精细化管理,含班组建设制度标准、班组建设管理流程(班组长管理流程包括:做好班前会主持→组织职工集体上岗→现场接班及隐患排查→落实隐患整改→落实安全确认→班中汇报→"走动式"管理→验收→现场交班→集体离岗→班组考核→班务公开等。当班职工管理流程包括:自觉参加班前会→自觉集体上岗→现场接班及隐患排查→生产前安全确认→"手指口述"标准作业→配合验收→现场交班→集体离岗→自觉参与监督班组考核及班务公开等)。

(3)完善班组建设"四级"考核,即集团对单位年考核、单位对区队季考核、区队对班组月考核、班组对职工日清考核评估。

(4)含集体上岗、现场交接班、隐患排查、"岗位描述、手指口述"、安全"三确认"制度、班长走动巡查、定置管理和质量验收等八项内容的作业标准化。

(5)安全培训与安全技能提升。

(6)含"五小成果"、"金点子"、"精优作业法"、"英雄冠名行动"、QC小组、创新工作室等大量方法在内的安全技术革新与管理创新。

二、班组的标准化建设

班组安全管理的精髓其实就是标准化。以危险源辨识和隐患排查治理为基础、以标准化管理和标准化作业为核心的班组安全管理模式是实现安全生产的重要法宝。对于煤炭行业而言,标准化还处于起步阶段,还有更加广阔的发展空间。

班组建设的总路线确定了,班组长就是决定性因素,班组长素质提升就成为抓好班组建设的关键。企业把班组长素质提升作为重要的治企之策,在制度设计上让高素质的班组长尝到甜头、得到好处;把好班组长准入关,把综合素质较强的职工吸纳到班组长队伍中;通过培训学习、对标交流、现场观摩等多种方法,持续做好班组长素质提升工作。

标准化是企业发展到一定阶段的必然产物,构建班组基础管理标准化、班前会标准化、危险预判标准化、岗位作业标准化、应急处置标准化,覆盖了班组全部作业,强化了职工安全意识,规范了员工作业行为,保障了安全高效生产。

(一)基础台账标准化,规范班组管理

基础管理标准化是以安全管理标准化示范班组评定标准为依据,分为静态标准和动态标准两类。静态标准包括班组安全管理目标、安全承诺书、安全生产责任制等,形成岗位有职责、作业有程序、操作有标准的班组管理台账;动态标准包括安全活动记录、安全教育记录、安全检查记录、岗位练兵记录等,形成了过程有记录、绩效有考核、改进有保障的全过程管控。

(二)班前会标准化,夯实安全生产第一道防线

把班前会定位为安全生产的第一道防线,班前会上要做到"三查三交三学习",即明确班前会上班组长要查看职工精神状态、查看劳动防护用品准备情况、查询职工安全意识;要交代工作任务、

交代危险源辨识、交代安全防控措施;要学习安全技术操作规程、学习岗位标准作业流程、学习应急处置。充分运用岗位标准作业流程原理,编制《标准化班前会标准流程》,明确班前会程序、内容和标准;唱班歌、安全宣誓成为班前会的固定内容,有力地提振班组员工的精神士气。同时,班前会实施"一问一答一确认"的准军事化形式,实现生产任务和安全事项当场确认。标准化班前会形成了班组长与职工互动,激活了班前会气氛,振奋了职工精神,为班组安全生产奠定了良好的基础。现场班前会召开流程如图 4-1所示。

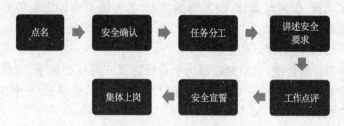

图 4-1 现场班前会召开流程图

(三) 危险预判标准化,精准排查安全隐患

危险预判标准化是充分借鉴杜邦的安全管理理念,把危险源辨识五步工作法、STOP 行为观察法转化为动态危险源辨识、不安全行为观察标准作业流程,通过在作业前观察作业现场的危险源和不安全行为,提前发现潜在的隐患,保障安全作业。

(四) 岗位作业标准化,强化职工安全标准作业

标准化作业主要是全面推广岗位标准作业流程,推进流程与体系融合,逐步实现有作业必有标准、有标准必有危险源辨识。

(五) 应急处置标准化,筑牢安全生产最后防线

应急处置标准作业流程是在职工应急处置卡的基础上,编制应用应急处置、消防器材使用、急救三类流程,这有力地提升了职

工现场应急处置能力,夯实了安全生产的最后一道防线。

三、班组建设的持续推进

(一) 班组建设的发展趋势

新班组建设是新时代中国企业打造核心竞争力的管理提升活动,是建设和谐社会、推动人本管理、全面提升企业管理境界与水平的一次革命性组织行为,是企业发展的战略工程、责任工程、使命工程。

新班组建设是在组织扁平化发展进程中,使企业夯实基础、打通主动脉、促进微循环、激发细胞活力、消灭组织厄运之轮的必要性战略行为。

(二) 班组建设的全新方法

(1) 新价值:班组建设成为企业管理提升的核心抓手,完成统合综效的六大目标——夯基础、育人才、塑文化、建模式、创标杆、出实效。

(2) 新哲学:全新的班组管理哲学将人本管理、文化管理、知识管理、全员管理、第五代管理等落实到班组,摒弃以制度约束、绩效考核为核心的传统管理哲学,实现班组和谐、科学发展。

(3) 新定位:班组建设不再是单纯的一项管理活动,而是缔造和谐社会、实践群众路线、推进管理提升的具体抓手,是系统工程、责任工程、使命工程。

(4) 新内容:全新的班组建设内容以班组长胜任力为切入点,建设高效的班组长效管理机制、班组日常管理模式,班组建设内容涉及一线管理的全过程、全方位、全流程。

(5) 新方法:全新的班组建设方法以激活员工、塑造员工为主要方法,通过建立员工自驱动、自涌现、自改善、自修复的体系和方法,实现一线管理的提升、一线竞争力的强化。

(6) 新运作:以全新的班组建设运作方式,建立自上而下的保障体系和自下而上的改善体系,高层谋势、中层搭台、基层唱戏,全员参与,推进班组建设工作的深化。

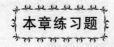

本章练习题

一、判断题

1. 班组建设是指围绕现场管理,把班组打造成规范化的最小组织单位。（　）

2. 班组建设的关键是人的管理,人是班组建设的实践主体,班组建设的各项目标和任务要求,只有通过人的行动才能得到落实和执行。（　）

3. 班组建设工作内容丰富,涵盖面广,集质量、安全、生产、工艺等于一身,因此,煤矿班组建设工作需协调发展。（　）

4. 创新的灵魂就是"变"。煤矿班组长要有改变、变化和变革的意识。（　）

5. 班组员工价值取向越来越多元化,不再仅仅满足于工作是生存的唯一手段,而是要求在工作中满足认同、尊重、交流、价值等诸多需求。（　）

6. 完善以班组长为核心的生产指挥、组织协调、岗位协作等职能,强化班组生产安全管理,细化量化工作任务,增强班组生产管理的计划性、可控性。（　）

7. 坚持用科学发展观和中国特色社会主义理论武装职工头脑,加强职工思想政治教育、遵纪守法教育及企业精神教育。（　）

二、单项选择题

1. 推行班组安全生产（　）管理,完善班组安全生产目标控制考核激励约束制度,将安全生产作为推优评先、效益工资分配的"一票否决"指标。

A. 风险预控　B. 风险预警　C. 风险防范

2. 要以（　）为平台,把职工的个人愿景融入团队的使命中,培育职工共同价值理念和团队意识,建立班组良好的人文氛围与沟通平台,构建和睦的人际关系,加强班组间的协作配合,努力把班组建设成为一支精干、高效的团队。

A. 企业愿望　B. 职工诉求　C. 企业愿景

3. 班组建设是一项（　）工程,矿（厂）领导班子要高度重视班组在安全生产中的基层基础地位,把班组建设工作作为各项工作的基础工作抓紧抓细抓实,切实抓出效果。

A. 系统　　　　B. 战略　　　　C. 重要

4. 新班组建设是（　）中国企业打造核心竞争力的管理提升活动。

A. 新时期　　　B. 新时代　　　C. 新阶段

5. 标准化是企业发展到一定阶段的必然产物,构建班组基础管理标准化、班前会标准化、危险预判标准化、（　）标准化、应急处置标准化,这些标准化覆盖了班组全部作业,强化了职工安全意识,规范了员工作业行为,保障了安全高效生产。

A. 生产安全　B. 岗位作业　C. 质量效益

三、多项选择题

1. 班组建设是一项系统工程,要齐抓共管,系统推进,努力形成"党委主导、（　）"的工作机制。

A. 行政主体　B. 工会协调　C. 部门联动　　D. 全员参与

2. 班组建设成为企业管理提升的核心抓手,完成统合综效的六大目标——（　）、育人才、（　）、建模式、创标杆、出实效。

A. 夯基础　　B. 塑文化　　C. 打基础　　　D. 筑安全

3. 全新的班组建设方法,以激活员工、塑造员工为主要方法,通过建立员工自驱动、（　）、自改善、（　）的体系和方法,实现一线管理的提升、一线竞争力的强化。

A. 自显现　　B. 自更新　　C. 自涌现　　　D. 自修复

练习题答案

一、判断题

1. √　2. √　3. ×　4. √　5. √　6. ×　7. ×

二、单项选择题

1. A　2. C　3. B　4. B　5. B

三、多项选择题

1. ABCD　2. AB　3. CD

第五章 班组安全心理知识

班组是企业的基层单位,也是企业安全管理的最终落脚点。如何提高班组安全管理的效率,直接关系到煤矿企业的安全生产和高效运营。而班组安全心理知识的普及,是提升职工安全意识、安全生产效率,以及企业安全文化水平的重要内容。

第一节 安全心理学基本知识

一、基本概念

安全心理学是心理学分支学科,是从安全的角度(即如何保证人在劳动过程中的安全,防止事故发生,消除不安全心理因素等)出发来研究人的心理活动规律的学科。主要的研究内容:人的认知、能力、人格、经验、性别、年龄、反应模式等主体因素和工作环境、条件等物理因素与事故的关系,人为差错的类型和原因分析,以及安全训练和教育等。

二、常见不安全心理及原因

导致煤矿事故的决定性因素是人的不安全行为,而造成这种不安全行为的根本原因是煤矿职工的不安全心理。常见的不安全心理有侥幸心理、麻痹心理、取巧心理、马虎心理、逞能心理、蛮干心理、无知心理、麻木心理、逆反心理、从众心理、奉上心理、唯心心理等。作为煤矿班组长,一定要有及时觉察矿工心理健康状况、采取措施减少不安全心理的能力。

不安全心理产生的原因是多方面的,如对职业倦怠、人际关系不良、家庭关系紧张、工作环境不理想、不良性格特点、过度紧张等。班组长应掌握安全心理学知识,帮助职工缓解工作压力、释放不良情绪,使职工心理维持在稳定平和、积极向上的水平,在促进职工身心安全健康的同时,确保矿井安全高效生产。

第二节 预防为主保障安全心理状态

应急心理工作应遵循"预防为主,平急结合"的原则。从保障安全心理状态的预防方法着手,重点进行安全心理问题的预防。

一、养成心理卫生习惯

在心理学中"大脑是心理的器官,心理是大脑的实质",因此要保证良好的心理状态,大脑的养护必不可少。通过健脑手指操、食疗养护等方法,可以提高大脑运转效能;通过合理膳食、适量运动、充足睡眠和适度医疗等方法,养成良好的心理卫生习惯,提高心理弹性,预防各类情绪、压力带来的心理问题。

健脑手指操

健脑手指操中 4 个简单的手指动作每个动作每天做 20 遍可以帮助锻炼脑神经。

二、做好班组安全心理管理

(1)牢记"白国周班组管理法"中"三必谈"的原则,发现情绪不正常的人,及时约谈,做好情绪疏导。对受到批评的人进行深入谈心,使其真正认识到问题的关键,并提升其安全意识。每月组织一次集体谈心会,运用心理学问题聚焦的方法,针对班组存在的问题进行探讨,引出职工内心真实想法,提高沟通效率。

(2)做好班组安全心理培训。对上岗新工人、转岗职工进行心理健康教育,针对不同年龄、不同工种、不同学历职工的心理特点,有针对性地进行安全心理岗位培训。遇节假日前后、天气异常和职工违纪时要特别强调安全心理。

(3)及时做好安全心理管控。在企业改革政策出台前后、单位人事调整前后以及事故发生以后等时间节点,企业应特别注意职工安全心理管控,一方面有关职工切身利益(如工资、住房、医疗、子女求学、就业之类)的政策要讲清楚,另一方面注意事故后的心理疏导。关注职工违章违纪时的不安全心理,及时警告和疏导,避免违章违纪成为习惯,以防产生群体违章、习惯性违章的情况。

(4)做好心理应急预案。将心理应急处置的方法作为应急管理的内容之一,提高职工灾害应急心理处理能力。

第三节　灾害应急心理建设与处置

经历事故或参与事故应急救援工作的职工,有的会产生创伤后应激反应,如心慌、焦虑、失眠、抑郁等,严重的会造成创伤后应激障碍。

一、创伤后应激障碍

创伤后应激障碍是指一个人在遭受强烈创伤事件后,出现或长期持续的精神障碍,其中75%左右的人在一段时间后可自行恢复,15%左右的人会转为慢性,影响正常的心理和人格。

二、灾害应急处置原则

在煤矿安全事故处理过程中,牢记"安全第一"的行动原则,同时做好职工的心理建设,以保证在各类灾害事故处理或逃生过程中职工的人身安全。

三、灾害应急心理处置注意事项

(1)班组长一定要沉着冷静,在组织抢险救灾过程中确保个人及职工的安全。

(2)在撤离过程中一定要做好职工的心理安抚工作,有序撤离,避免惊慌失措造成事故扩大化。

(3)等待救援过程中的心理建设。情绪有一定的传染性,因此,遇到需等待救援的情况,班组长一定要做好职工的心情带引和情绪调节工作,创造积极正向的待援氛围。

第四节　灾害事故发生后的心理辅导

在灾害事故发生后,从事故中汲取经验教训的同时,班组长应及时进行集体谈心,进行积极导向的心理辅导(如肯定在事故处理中的一些正确的救援方法,鼓励职工积极查找危险源、提出事故预防建议),带领职工进行简单的压力情绪调节。

心理健康调节方法:

(1)科学的时间视角;

(2)日常快乐指南;

(3)情绪管理五步法。

班组长应注意观察职工的情绪及精神状况,如出现焦虑、恐惧或出现身体异常(例如头痛、胃痛、伤痛反应过度或反应不足),或者经常提到死

心理健康
调节方法

亡话题,应单独进行心理辅导,聆听职工感受,理解职工的感受和反应,提醒职工灾害事故已经过去,应积极投入当下的工作和生活。如情况持续恶化,应安排职工进行专业的心理咨询和治疗。

本章练习题

一、判断题

1. 应急心理工作应遵循"预防为主,平急结合"的原则。（　）

2. 职工出现情绪异常的情况,班组长及时进行心理辅导即可,没必要安排职工进行专业的心理咨询和治疗。（　）

二、单项选择题

1. 要保证良好的心理状态,（　）的养护必不可少。

A. 神经系统　　　　B. 循环系统　　　　C. 大脑

三、多项选择题

1. 班组安全心理管理的主要内容有（　）。

A. 进行"白国周班组管理法"当中的"三必谈"

B. 班组安全心理培训

C. 安全心理管控

D. 心理应急预案

练习题答案

一、判断题

1. √　2. ×

二、单项选择题

1. C

三、多项选择题

1. ABCD

第六章　班组建设经验

第一节　白国周班组管理法

一、内容

白国周班组管理法是指坚持以"六个三"为主要内容的班组管理法，主要内容包括：三勤、三细、三到位、三不少、三必谈、三提高。

(一)　三勤：勤动脑、勤汇报、勤沟通

勤动脑：勤于思考，总结规律，擅于寻找解决办法，以便在出现安全问题时，能够迅速处理，避免事态的进一步发展。

勤汇报：对生产过程中发现的隐患和问题，及时向领导汇报，以便领导及时了解情况，迅速采取应对处置办法。

勤沟通：经常与队领导沟通，了解队里的措施要求；与上一班和下一班的班长沟通，了解施工进度和施工过程中出现的问题；与工友沟通，了解和掌握工友工作和生活情况，及时化解可能对生产安全构成危险的影响因素。

(二)　"三细"：心细、安排工作细、抓工程质量细

心细：从开班前会开始，针对当班出勤状况，分析岗位人员配置，做到心中有数，尤其应仔细观察特殊岗位人员的精神状态。

安排工作细：认真考虑，量才使用，发挥长处，提高效率，减少

个人因素可能带来的隐患。

抓工程质量细：严格按照施工要求、操作规程和安全技术措施施工，严把工程质量关。

（三）"三到位"：布置工作到位、检查工作到位、隐患处理到位

布置工作到位：交代清楚工作任务、安全措施、上班遗留的问题等。

检查工作到位：对每个环节、每个设施设备都要及时检查，不放过任何一个潜在的隐患点。

隐患处理到位：对于隐患和问题，能处理的及时处理掉，当时处理不了的就采取措施，指挥人员处理。

（四）"三不少"：班前检查不能少、班中排查不能少、班后复查不能少

班前检查不能少：接班前对工作环境及各个环节、设备依次认真检查，排查现场隐患，确认上班遗留问题，指定专人整改。

班中排查不能少：坚持每班对各个工作点进行巡回排查，重点排查在岗职工精神状况、班前隐患整改情况和生产过程中的动态隐患。

班后复查不能少：当班结束后，对安排的工作进行详细复查，重点复查工程质量和隐患整改情况，发现问题及时处理，处理不了的现场交接清楚，并及时汇报。

（五）"三必谈"：发现情绪不正常的人必谈、对受到批评的人必谈、每月必须召开一次谈心会

发现情绪不正常的人必谈：注重观察工友在工作中的思想情绪，有问题及时交流，弄清原因，因势利导，消除不良情绪，提高安全生产注意力。

对受到批评的人必谈：对受到批评或处罚的人，单独与其谈心，讲明原因，消除抵触情绪。

每月必须召开一次谈心会：每月至少召开一次谈心会，工友聚

在一起,谈安全工作经验,反思存在的问题和不足,互学互帮,共同提高。

(六)"三提高":提高安全意识、提高岗位技能、提高团队凝聚力和战斗力

提高安全意识:引导职工牢固树立"安全第一"理念,通过各种方式引导工友时刻绷紧安全弦,时刻把安全放在心上,坚决做到不安全绝不生产。

提高岗位技能:经常和工友一起学习、研究各工种的工作原理和操作技术,讨论生产和现场管理中出现的问题,提高业务水平和综合素质。

提高团队凝聚力和战斗力:充分调动工友积极性,耐心指导,不让一名班组成员掉队,要求大家做文明人、行文明事。

二、特点

白国周班组管理法的特点和精髓是用心做事、爱心待人、恒心坚持,体现出了极为强烈的领导者人格魅力和团队氛围。

用心做事。白国周只是一名煤矿井下的普通班组长、一名只有初中学历的农民工,但他却在工作中始终做到用心学习、用心工作、用心思考、用心总结,探索并总结出了"六个三"管理法,解决了长期困扰煤矿现场安全管理的"大难题"。

爱心待人。白国周始终坚持以人为本、亲善求和的工作理念,总能及时给予困难工友无私的关怀和帮助。他创造的"三必谈""六个三"等理念,以爱心待人的主旋律丰富着白国周班组管理法的内容,使他成为做思想政治工作的行家里手,成为全班组员工的主心骨,照亮了别人,成就了自己。

恒心坚持。白国周在班组管理上始终坚持做到"六个三",把实现安全生产和班组和谐作为积德行善的永恒追求,这是白国周班组管理法得以生存和弘扬的基础。多年来,他把枯燥、单调的事

情做得有声有色,在平凡的工作中创造了煤矿班组安全管理的奇迹。

"白国周班组管理法"简单、易学、拿来managed用,关键在用心、爱心、恒心(简称"三心"),这是白国周班组管理法的灵魂;而严细实的工作作风则是该管理法落地生效的根本保障。如果说"六个三"是白国周班组管理体系里的一种方法,那么"三心"和严细实就是"六个三"的统帅,起到了倍数、叠加和放大效应。这三者构成了白国周班组管理法的完整体系。

三、应用

白国周班组运用白国周班组管理法,对推进班组建设、促进安全管理具有重要意义,并取得四个方面的显著成就。

(1)为煤矿班组建设积累了成功的经验,必将推进煤矿班组建设迈上一个新台阶。班组是企业的最小单元,是安全生产的第一道防线,也是煤矿安全工作的基层和基础。抓好班组建设、确保班组安全是整个安全工作的重要组成部分。要抓好煤矿安全工作,就必须抓好煤矿班组这个最基层、最基础的单元。长期以来,有关方面和企业为进一步强化班组建设进行了积极的探索,总结出了一系列好的方法。白国周班组管理法的形成,进一步丰富和完善了我国煤矿班组建设的理论和实践,积累了成功经验,对推动煤矿班组建设向更高的层次发展起到了十分重要的作用。

(2)为解决煤矿现场安全管理问题找到了一套有效方法,推动了煤矿现场安全管理工作的进一步强化。煤矿安全重在管理,白国周班组管理的成功实践告诉我们,技术、装备、投入固然十分重要,但现场管理更重要,特别是抓好煤矿班组的现场管理最重要。白国周班组管理法既有管理制度,又有管理精神,既有工作方法,又有工作态度,是一种简便、实用的煤矿班组管理模式,长期坚持抓下去,就会收到意想不到的好效果。该管理法的推广应用对解决煤矿安全生产的现场管理问题,推进现场管理工作的进一步强化产生了好的效果。

(3) 增强了搞好煤矿安全生产工作的信心,必将推动人们对煤炭行业可以做到安全生产认识的转变。煤炭行业是一个高危行业。只有应用好的管理方法,并长期贯彻落实,辅之以硬件改善,安全生产才能实现,危险的行业才可以变成相对安全的行业。白国周同志班组管理的实践充分证明了这个道理。

(4) 开创了构建和谐班组的成功典范,为构建社会主义和谐社会在煤矿基层的实践探索了有效途径。白国周同志在工作中坚持以人为本,注重亲情感召,及时化解工作和生活中出现的思想问题,不仅使工友和谐相处,也使工友的小家庭融合成了一个团结和睦的大家庭,成为构建和谐班组的成功典范。

第二节　神华宁煤"四五六班组管理法"

一、内容

宁煤"四五六"班组管理新模式是坚持以安全、工作、学习、活动"四位一体"的战略定位为原则,以创建学习、安全、创新、专业、和谐"五型班组"为核心,以构建班组建设组织、制度保障、现场安全风险管控、教育培训、文化引领、考核评价"六大体系"为支撑的一套班组建设模式。

"四位一体":一是班组安全管理定位,大力推行班组成员互保联保制度,实现班组安全生产;二是班组工作的定位,强化安全是第一责任,完成任务是第一要务,保质保量是第一原则,确保进度是第一目标,创造绩效是第一要义,做到事事有人管、管事凭制度、管人凭考核、奖惩看业绩,这是神华宁煤集团班组建设工作的根本和基石;三是班组学习的定位,集团上下积极开展"创建学习型班组、争做知识型员工"活动;四是班组活动的定位,践行文化、健康、文明、向上的班组活动定位。

"五型班组":打造学习型、创新型、安全型、专业型、和谐型班组。

"六大支撑":① 健全完善的制度体系是推进班组建设的根本保障;② 公推直选是选好配强班组长的民主途径;③ 有效激励是抓好班组建设的关键举措;④ 持续创新是激发班组活力的不竭源泉;⑤ 文化引领是推动班组建设的强大动力;⑥ 丰富载体是班组建设的重要抓手。

二、特点

二个创新理念:工作学习化,学习工作化;管理即培训,培训即管理。

三个展示平台:集团公司组织的成果汇报会平台,基层单位进行的班组建设对标竞赛平台,班组之间的创先争优竞赛平台。

四大主体形式:大互动、大比武、大比赛、大讨论。

五种呈现形式:组织表彰、成果命名、案例发布、授予称号、媒体宣传。

六动转化机制:由内而外的驱动,由上而下的拉动,由下而上的联动,全员参与的调动,全员对标的频动,成果分享的感动。

三、效果

原国家安全生产监督管理总局副局长、国家煤矿安全监察局局长赵铁锤高度赞扬了宁煤集团班组建设的经验。原国家煤矿安全监察局下文要求在全国煤炭系统推广神宁"四五六"班组管理新模式的经验。《中国煤炭报》头版头条连载神宁班组管理经验之后,《工人日报》《中国能源报》《人民日报》及中央电视台等媒体先后进行了报道,树立了全国煤矿班组学神宁的旗帜。

第三节　"人人都是班组长"班组管理法

中煤大同能源有限责任公司由一座煤矿、一个电厂、一个洗选装运公司三个二级单位组成,建设初期面临煤矿安全风险较高、电厂人员较少、洗选装运公司员工年龄偏高等诸多问题,公司整体安全管理压力很大。为保障安全发展,持续夯实安全根基,公司全面推进班组建设,大力实施全员素质提升工程,建立起一套全员自主管理班组模式,从根本上将安全基础管理下沉到班组、文化生根到班组、企业战略落地到班组,形成了班组建设特有的新模式,为实现能源企业安全管理和高质量发展提供了坚强支撑。

一、内容

建立一个轮值体系中心,打通全员管理路径,构建班组全员自主管理体制。设立由一名轮值班组长和分别负责安全、学习、和谐、士气的四名轮值委员组成的轮值班委会。四名轮值委员一起辅助正式班组长管理班组,人数较多的班组增设由轮值委员领导的轮值管理小组,全班组成员按一定周期轮流任职轮值班组长和轮值委员。搭建三大班组管理平台:例会平台——区分班前、班后会作用与重点,规范流程、丰富内容,不断提升班组例会的质量和价值;案例平台——发动全员,编写、讲述案例,提高员工管理参与度,增强其对问题的敏感性和安全意识;看板平台——将看板更新周期与实际管理行为周期结合,以达到时时提醒、时时对标、时时激励的效果。以"三标三控"为抓手,"一岗一标+一人一控、一事一标+一事一控、动态达标+班组联控",通过对"现岗、现人、现事"的管控,将安全生产管理责任的具体要求落地到"每岗、每人、每事、每班",实现岗位操作达标、班组作业达标及现场动态达标,为企业安全生产夯本固基。打造五大组织赋能技术,即教练赋能、文化赋能、关系赋能、制度赋能、活力赋能。

二、特点

班组轮值管理体制依托班组长、轮值班组长、轮值委员三方,打通了从依靠个人管理到依靠全员管理的路径,构建形成了以"三有三无"为核心的班组自主安全管理体系。在轮值过程中,班组成员通过体验班组长角色,都有了参与班组管理的平台和机会,最大限度地激发了每位员工的内在动力,实现了由被管理者向管理者的角色转变,充分提高了管理和运作效能。

关系赋能致力打造一个让每个人被关注、被发现、被激励、被尊重、被爱戴的管理环境,开展员工沟通"六必访、七必谈""早接班、早安全、早回家"等活动,营造一个互敬、互帮、互促的良好人际关系氛围,化解劳资关系、干群关系、人与组织的关系冲突,让人在团队中感受到安全感、温暖感、归属感,有效稳定员工情绪,改善员工积极性,最终实现班组一家亲。

三、应用

"人人都是班组长"全员自主管理班组模式成为企业实现科学发展、安全发展的助推力,集团95%以上的班组人员参与了轮值管理,70%的班组人员具备了担任班组长的能力,班组技术革新取得了丰硕成果,人员素质和团队能力明显提升,煤矿、洗选装运公司、电厂实现高层经理(厂长)轮值,安全生产形势持续稳定,企业效益、社会效益不断取得新突破。

第四节　全国先进班组管理经验介绍

一、华能华亭煤业集团新窑煤矿公司综掘一队刘金贵班组

华亭煤业集团公司新窑煤矿公司刘金贵班组现有职工 15 人，主要承担着矿井煤巷以及岩巷的掘进任务，经过多年的探索与实践，班长刘金贵总结提炼并完善了班组管理"八法"，在实现班组安全生产、提质增效、标准化作业、员工素质提升和凝心聚力等方面发挥了巨大作用，成为华亭煤业集团公司唯一一个以人名命名的管理方法——刘金贵班组管理法，引起了《中国能源报》《工人日报》和甘肃省总工会等多家媒体和组织的关注。

（一）主要内容

（1）"三三"标准整治方法：是新窑煤矿公司综掘一队区队班组管理"八法"中的首法，也是作业现场安全生产管理的主要方法。三个责任主体指安全员、班组长、跟班副队长。三个生产要素指物的完好状态、设备的完好状态和人的精神状态。三个时间段指班前、班中和班后。

（2）班清控制方法："按质论价，按利计奖"，以班组核算为手段，以指标层层分解、责任落实到人为保证措施。

（3）"四述"标准操作方法：按照各岗位工种精细化管理的要求，制定涵盖班组职工现场工作全过程的标准。

（4）"五达标"质量管理方法：现场制度达标、环境安全达标、设备完好达标、操作程序达标、工程质量达标。

（5）"ABC"动态考核方法：当班班组长根据"A＋6S"员工行为考核标准，对职工各分项标准的执行情况和工作现场实际表现进行综合评价。

（6）优质高效竞赛方法：班组工程质量、安全质量的综合考核评价体系。

（二）应用

多年来，刘金贵班组不断应用新装备，学习新技术，在提升支护强度和工程质量的同时，降低了劳动强度，提高了工作效率，2006年至今，刘金贵班组工程质量优良品率达到91％，合格品率达到100％，机电设备完好率保持在95％以上。刘金贵班组以打造"学习型、安全型、技能型、效益型、和谐型"班组为目标，不断加强班组基础建设，创新班组管理方法，持续开展了比安全、比质量、比工效、比进尺的劳动竞赛。自2004年刘金贵担任班组长以来，该班组圆满完成了15个工作面的巷道掘进任务，累计掘进巷道3 000多米，班组实现连续安全生产5 000多天。

二、开滦集团范各庄矿业分公司刘少辉电工组

开滦股份范各庄矿业分公司机电科运行车间刘少辉精益电工班共有职工34人，其中，高技能人才占全班组总人数的88.2％。近年来，该班组探索实施了"六个一"创新型班组管理举措，创建了"自己不触电、确保他人不触电"的"两不"班组安全管控模式，并顺利通过公司"自控型"安全班组验收，为公司安全生产和稳定健康发展作出了积极贡献。

（一）内容

（1）首先利用新媒体教育手段，改进和丰富培训方式方法；其次根据生产实际细化月份、季度、年度创新计划，发动全员围绕关键环节开展技术攻关，破解制约生产的瓶颈。

（2）务实六项举措，彰显班组创新特色。一是每日一题，二是每周一案例，三是每旬一课堂，四是每月一考试，五是每人一技改，六是每季一评比。

（3）头雁示范引领，做实班组安全管理。

（4）当好职工技能提升的好导师。刘少辉总结提炼了"双四"学习法、"看、问、测、听"故障排除法、PLC 培训六步法等学习方法，主编并出版了《矿井提升机电控系统工作原理及故障分析》一书，为进一步提高职工专业素质提供了帮助。

（二）应用

在刘少辉的言传身教下，班组职工整体技能素质显著提高，职工黄卫平、吕天果等均成长为班组生产骨干。刘少辉坚持以问题为导向，勇于创新、敢于探索，围绕制约矿井提升的安全生产实际问题积极开展攻关创新活动，解决一批影响安全生产的疑难问题，实现保安全、创效益的目标；研制出"矿井主提升机盘形闸空动时间检测装置"，该装置可自主检测提升机闸瓦空动时间，且检测精度可精确到 0.01 s，并获得国家实用新型专利。

多年来，刘少辉电工组在班组建设、职工素质提升、技改创新创效方面取得显著成果，班组长刘少辉 2019 年被中国能源化学地质工会评为"大国工匠"，2020 年被河北省总工会评为"河北大工匠年度人物"。

三、陕煤集团红柳林矿业公司李永刚班组

（一）内容

"横纵并进"的本安型班组。李永刚班组在本安型班组创建过程中，一是牢固树立"安全第一"的理念，充分利用每周二、周五学习时间组织全员学习各项安全操作规程、观看事故案例，使班组成员完成从"要我安全"到"我要安全""我会安全"的思想转变。二是始终坚持"安全第一、预防为主、综合治理"的工作方针，强化过程控制，从细节入手，树立零违章理念，坚持教育与惩处相结合，不断健全班组安全管理制度。三是开展岗位应知应会及"红线""三违"抽查背诵等安全活动，长期坚持入井安全确认、安全宣誓、要求正确穿戴劳动防护用具、班组长带队集体进

入工作岗位、现场隐患排查、班中巡回检查和收工集体升井等一整套自我保安、集体保安的安全管理模式。四是针对当天生产作业实际情况进行事故超前预测，指出可能影响安全的因素，并提出预防措施和要求。

"学以致用"的学习型班组。李永刚班组在学习型班组创建过程中，一是在班前、班后会和周二、周五学习会上组织班组成员进行思想政治理论和设备维护、操作中涉及知识的系统学习，以端正思想，了解各系统的组成、设备设施的原理及构造，并对学习笔记进行月度考核；二是有针对性地开展多种培训，在智能化综采工作面建设期间，多次组织班组员工学习相关理论，积极向厂家技术人员询问、讨论，培训结束后将所学技能投入生产实际当中，优化和改进设备程序，大大提高了劳动效率。

"求索不止"的创新型班组。李永刚班组在创新型班组创建过程中，一是成立了以公司"创客能手""创新能手"为组长的创客小组，带领班组成员大胆提建议，不断挖掘自身潜力，对实际工作中需要改进之处建言纳策；二是开展班组事项创新项目和"金点子"创新竞赛，对每个可以实际应用并对井下设备维护起到积极作用的创新进行积分，分值越高，收益越大，极大地调动了职工参与创新的积极性，也为企业区队带来了巨大的经济效益。

"公开透明"的和谐型班组。李永刚班组在和谐型班组创建过程中，一是对班务公开、劳动纪律、绩效考核、工资奖金分配、考核等都作出了明确的规定，提高班组管理的透明度、公正性和员工的满意度；二是实行民主管理，调动了职工的积极性，使班组员工增强参与意识和管理意识，自觉带着责任上岗；三是积极组织开展各类文体活动，大大提高了职工的幸福感。

（二）应用

陕煤集团神木红柳林矿业公司李永刚班组自 2017 年 8 月成立以来，以踏实肯干的工作作风、专业的技术和丰富的经验，保证了综采工作面设备完好率达95％以上,在综采机械设备检修、机电设备管理、科学技术创新上不断取得新的突破,成功建设红柳林4-2煤首个智能化综采工作面,先后共完成4个智能化综采工作面建设并常态化使用,为公司智能化工作面的建设和发展作出了积极贡献。

本章练习题

一、判断题

1. 白国周班组管理法的核心和精髓是用心做事、爱心待人、恒心坚持,体现出了极为强烈的领导者人格魅力和团队氛围。( )

2. 白国周班组管理法是坚持以"六个三"为主要内容的班组管理法,主要内容包括三勤、三细、三到位、三不少、三必讲、三提高。( )

3. 白国周班组管理法既有管理制度,又有管理精神,既有工作方法,又有工作态度,是一种简便、实用的煤矿班组管理模式。( )

4. 原国家煤矿安全监察局下文要求在全省煤炭系统推广神宁"四五六"班组管理新模式的经验。( )

5. 四名轮值委员一起辅助正式班组长管理班组,人数较多的班组增设由轮值委员领导的轮值管理小组,全班成员按一定周期轮流任职轮值班组长和轮值委员。( )

6. 文化赋能是通过对照信念、对照目标、对照标杆等方式让人时刻唤醒内心,排除干扰,激发热情的一种内省机制。( )

7. "三三"标准整治法是新密煤矿公司综掘一队区队班组管理"六法"中的首法,也是作业现场安全生产管理的主要方法。( )

8. "四达标"质量管理法是指生产现场人、机、环等各生产环节都达到安全生产标准的管理方法,也是刘金贵班组班前、班中、

班后的检查验收标准。（　）

9."三提高"即提高安全意识、提高岗位技能、提高团队凝聚力和战斗力。（　）

10."三必谈"即发现情绪不正常的人必谈、对受到批评的人必谈、每月必须召开一次谈心会。（　）

二、单项选择题

1. 白国周班组管理法的实用方法中"三勤"的具体内容是（　）。

A. 勤思考、勤汇报、勤沟通　　　B. 勤动脑、勤报告、勤沟通

C. 勤动脑、勤汇报、勤沟通

2. 神华宁煤集团上下高度重视班组建设工作，在实践中，结合实际，提出了"（　）、安全要保障、产量要上去、质量要一流、效益要提高、成本要下降、班组要和谐"的班组建设规划和目标，保证了"四五六"班组管理新模式的运行。

A. 基础要夯实　　B. 基础要扎实　　C. 基础要牢固

3.（　）致力打造一个让每个人被关注、被发现、被激励、被尊重、被爱戴的管理环境。

A. 关爱职工　　B. 关系赋能　　　C. 企业文化

4."（　）"全员自主管理班组模式成为企业实现科学发展、安全发展的助推力。

A. 人人都是领头雁　　　　　B. 人人都是管理者

C. 人人都是班组长

5. 以"（　）"为抓手，为实现企业全员、全方位、全过程安全管理目标，把企业、行业安全生产标准化体系落地到班组、落地到现场。

A. 三标三控　　B. 三标三防　　　C. 三防三控

6."（　）"是刘金贵班组根据"日清日结"管理理论，在"按质论价，按利计奖"核算体系基础上，以班组核算为手段，以指标层层分解、责任落实到人为保证措施，达到成本的超前控制和职工的有

效激励,实现各生产要素的合理配置,确保"效益型"班组建设取得实效。

A. 班组清算法　B. 班清管理法　C. 班清控制法

三、多项选择题

1. 白国周班组"六个三"班组管理法主要包括三勤、(　)、(　)、三不少、三必谈、(　)。

A. 三细　　　　　B. 三到位　　　C. 三提高　　　D. 三提升

2. 为巩固并扩大"四五六"成果,集团公司又提出"123456"载体,进一步提升了"四五六"班组管理水平,即一个基本目标、二个创新理念、(　)。

A. 三个展示平台　　　　B. 四大主体形式

C. 五种呈现形式　　　　D. 六动转化机制

3. 开滦集团范各庄矿业分公司刘少辉电工组实行(　)、每月一考试、每人一技改、每季一评比的务实六项举措,彰显班组创新特色。

A. 每日一题　　　　　B. 每周一案例

C. 每季一课题　　　　D. 每旬一课堂

练习题答案

一、判断题

1. √　2. ×　3. √　4. ×　5. √　6. √　7. ×　8. ×
9. √　10. √

二、单项选择题

1. C　2. B　3. B　4. D　5. A　6. C

三、多项选择题

1. ABC　2. ABCD　3. ABD

第三部分　安全技术与技能

第七章 煤矿生产技术

第一节 矿井通风

一、矿井通风的任务及《煤矿安全规程》相关规定

(一)矿井通风的任务

(1)将适量的地面空气连续输送到井下各用风地点,提供井下人员呼吸所需的新鲜氧气。

(2)稀释并排出井下空气中各种有毒有害气体和矿尘等。

(3)调节井下气候条件,创造良好的井下工作环境,保证井下生产正常进行,保障井下作业人员的劳动安全和身体健康。

(4)在发生灾变时能够根据灾情变化,调节和控制风流的流动路线,提高矿井防灾、抗灾和救灾的能力。

(二)矿井空气中有毒有害气体及其危害

矿井中通常存在下列有毒有害气体:

(1)甲烷(CH_4)。

(2)一氧化碳(CO)。

(3)二氧化碳(CO_2)。

(4)硫化氢(H_2S)。

矿井空气中
有毒有害气体
及其危害

（5）二氧化氮（NO_2）。

（6）二氧化硫（SO_2）。

（三）《煤矿安全规程》对井下空气中有害气体的安全规定

《煤矿安全规程》第 135 条对常见有害气体的浓度作了规定。

（四）《煤矿安全规程》对井巷中风速的规定

《煤矿安全规程》第 136 条对井巷中的风速做了规定。

《煤矿安全规程》
对井下有害
气体的规定

《煤矿安全规程》
对井巷中的
风速的规定

二、矿井通风系统

矿井通风系统是指矿井通风方法、矿井通风方式、主要通风机的工作方法、矿井通风网路和风流控制设施等内容。

（一）矿井通风方法

矿井通风方法分为自然通风和机械通风两种。《煤矿安全规程》规定每一矿井必须采用机械通风，并有完整的通风系统。

（1）自然通风

利用自然风压产生的通风动力，使空气在井下巷道流动的通风方法称为自然通风。

（2）机械通风

利用通风机运转产生的通风动力，使空气在井下巷道流动的通风方法称为机械通风。按主要通风机的安装位置和工作方法不同，机械通风可分为抽出式通风、压入式通风及混合式通风3 种。

矿井主要通风机必须安装在地面;装有通风机的进口必须封闭严密,其外部漏风率在无提升设备时不得超过 5%。

(二) 矿井通风方式

按矿井进、回风井的位置不同,矿井通风方式分为中央式通风、对角式通风、区域式通风和混合式通风 4 种。

(三) 矿井通风网路

矿井通风网路的基本连接形式有串联、并联和角联 3 种。

(1)串联网路。多条风路依次连接起来的通风网路称为串联网路。串联网路的特点是串联的通风井巷越多,风阻越大。

(2)并联网路。有 2 条或 2 条以上的风路从某一点分开到达另一点汇合的网路称为并联网路。并联网路的特点是风阻小,各井巷互不干扰,安全性好。但并联的通风井巷越多,各井巷分得的风量就越少。

(3)角联网路。有 1 条或多条风路把 2 条并联风路连通的网路称为角联网路。角联网路的特点是对角风路中的风流方向不稳定。在矿井设计中应尽量避免出现角联网路。

(四) 风流控制设施

矿井根据控制风流设施的用途不同,可分为引导通风风流的设施、隔断通风风流的设施和调节通风风流的设施。引导通风风流的设施主要有风硐、风桥等;隔断通风风流的设施主要有防爆门、风门、挡风墙等;调节通风风流的设施主要有调节风窗等。

三、采区通风系统

(一) 概念

采区通风系统,是指煤矿进风井的风流,流经主要进风巷进入采区,再流经采区进风巷道、采掘工作面、硐室和其他用风巷道后,最后沿采区回风巷道排出至矿井主要回风巷道的整个通风系统网路。

（二）采煤工作面通风系统

采煤工作面通风系统由工作面进风巷、工作面和工作面回风巷组成。当矿井采用走向长壁后退式采煤方法时，回采区段的通风系统有 U 形、Z 形、H 形、Y 形、W 形和双 Z 形等形式。

（三）上行通风与下行通风

（1）上行通风。当采煤工作面的进风巷标高水平低于回风巷标高水平时，采煤工作面的风流沿工作面的倾斜方向由下向上流动，这样的通风方式称为上行通风。

（2）下行通风。当采煤工作面的进风巷标高水平高于回风巷标高水平时，采煤工作面的风流沿工作面的倾斜方向由上向下流动，这样的通风方式称为下行通风。

《煤矿安全规程》规定，煤层倾角大于 12°的采煤工作面采用下行通风时，应报矿总工程师批准，并必须遵守下列规定：采煤工作面风速不得低于 1 m/s。在进、回风巷中，必须设置消防供水管路。有突出危险的采煤工作面严禁采用下行通风。

四、掘进通风

掘进通风又称为局部通风，分为局部通风机通风和全风压通风。局部通风机通风是目前广泛采用的一种安全通风方法，根据风机和风筒在巷道内安放的位置和方式不同，分为压入式、抽出式和混合式 3 种。瓦斯喷出区域和突出煤层的掘进通风必须采用压入式。

掘进通风规定

五、矿井反风

矿井反风，是指当井下发生火灾时，能够按需要有效地控制风流的方向，确保受灾人员安全撤离和抢救人员，防止灾区扩大，并为灭火和处理火灾事故提供条件。

（一）矿井反风方法

矿井反风方法有离心式通风机反风和轴流式通风机反风。

离心式通风机反风是利用专用反风道反风。

轴流式通风机反风方法包括利用专用反风道反风、反转通风机动轮旋转方向反风、利用备用风机的风道反风和调整动叶安装角反风。

（二）矿井反风的要求

矿井反风应符合《煤矿安全规程》第159条的规定。

矿井反风的要求

第二节　矿井开拓与生产系统

一、矿井开拓方式

矿井开拓方式按井筒（硐）形式可分为立井开拓、斜井开拓、平硐开拓和综合开拓。

（一）立井开拓

主井、副井均采用立井的开拓方式,称为立井开拓。立井开拓的适应性强,一般不受煤层倾角、厚度、瓦斯、水文等自然条件的限制;立井井筒短,提升速度快,提升能力大,做副井特别有利;对井型特大的矿井,可采用大断面井筒,装备两套提升设备;大断面可满足大风量的要求;由于井筒短,通风阻力较小,对深井更有利。对于煤层埋藏较深,表土层厚,水文情况复杂,需要特殊施工方法或开采近水平煤层和多水平开采急倾斜煤层的矿井,一般采用立井开拓。

（二）斜井开拓

主井、副井均为斜井的开拓方式称为斜井开拓。

　　根据井田及阶段划分方式不同,可以组合成各种斜井开拓方式,如斜井单水平分区式、斜井单水平分带式、斜井多水平分区式和斜井多水平分段式等。

　　斜井开拓井筒施工工艺、施工设备和工序比较简单,掘进速度快,井筒施工单价低,初期投资少;地面建筑、井筒设备、井底车场及硐室都比立井简单,井筒延深施工方便,对生产干扰少,不易受地下含水层的威胁;主提升带式输送机有很大的提升能力,可满足特大型矿井主提升的需要;斜井井筒可作为安全出口,一旦发生透水事故人员可迅速撤离。

　　(三) 平硐开拓

　　由地表掘进直接通到矿体的水平巷道称为平硐,以平硐作为主要开拓巷道的开拓方式称为平硐开拓。

　　根据平硐与煤层的相对位置和用作运煤的平硐水平数量不同,平硐开拓方式分为以下 3 种形式:

　　(1) 走向平硐。平硐与煤层走向平行。

　　(2) 垂直走向平硐。平硐与煤层走向垂直或斜交。

　　(3) 阶梯平硐。有两个或两个以上平硐开采水平。

　　(四) 综合开拓

　　在复杂的地形、地质及开采技术条件下,有时采用单一的井筒形式开拓,在技术上是有困难的,经济上是不合理的。各种开拓方式的开采各有其优点,若将两种开拓方式的主要优点结合起来,这样就形成了综合开拓。综合开拓是指立井、斜井、平硐等任何两种或两种以上的开拓方式的组合。综合开拓更适用于大型矿井开采。

二、矿井生产系统

　　煤矿的生产系统主要有采煤系统、运煤系统、运料及排矸系统、通风系统、供电系统、排水系统和安全监控系统等。

（一）采煤系统

采煤巷道掘进一般是超前于采煤工作面工作进行的，它们之间在时间上的配合及在空间上的相互位置称为采煤巷道布置系统，即采煤系统。实际生产过程中，有时会在采煤系统内出现一些诸如采掘接续紧张、生产与施工相互干扰的问题，应在矿井设计阶段或掘进工程施工前统筹考虑解决。

（二）运煤系统

运煤系统实际上就是把煤炭从采场内运出，并通过一些关联的巷道、井硐最后运到地面的提升运输路线和手段。各种矿井开拓方式和不同的采煤方法都有其独特和完善的运煤系统。

（三）运料及排矸系统

煤矿井下掘进、采煤等场所所需要的材料、设备一般都是从地面的副井经由井底车场、大巷等运输的；而采煤工作面回收的材料、设备和掘进工作面运出的矸石又要由相反的方向运出地面，这就形成了运料及排矸系统。

（四）通风系统

风流由入风井口进入矿井后，经过井下各用风场所，然后进入回风井，由回风井排出矿井，风流所经过的所有路线称为矿井通风系统。矿井通风系统包括矿井通风方式、通风方法和通风网路。

（五）供电系统

由矿井的各级变电所、各电压等级的配电线路共同构成了矿井供电系统。井下供电系统一般由输电电缆、中央变电所、采区变电所、移动变电站、采区配电点及各类电缆组成。矿井供电系统是采煤、运煤、通风、排水等系统各种机械、设备运转时不可缺少的动力源网络系统。为了确保矿井生产的安全，必须采用双回路的供电方式，在一条供电线路发生故障时能够及时切换到另一条线路进行供电。

（六）排水系统

水从采掘工作面或涌出地点，经巷道流入井底水仓，再利用排水水泵排放至地面，这一整套排水路线和排水设备就称为井下排水系统。为保证井下的安全生产，井下的自然涌水、工程废水都要排出井外。由排水沟、井底水仓、排水泵、排水管路等形成的系统，其作用就是储水、排水，以防止发生矿井水灾事故。一般情况下，水仓的容量、水泵的排水量等只比正常的涌水量略大一些，如何合理配备备用设施应根据具体的水文地质条件确定，既不要长期闲置，又要能应对中小型突发涌水。

（七）安全监控系统

煤矿安全监控系统主要用来监测甲烷、一氧化碳、二氧化碳、氧气、硫化氢和矿尘浓度，以及风速、风压、湿度、温度、馈电状态、风门状态、风筒状态、局部通风机开停、主要通风机开停等，并实现甲烷超限声光报警、断电和甲烷风电闭锁控制等功能。

第三节　矿井采掘技术

一、采煤方法

采煤工艺与回采巷道布置及其在时间、空间上的相互配合称为采煤方法。

我国当前常用的采煤方法主要有壁式采煤法、厚煤层采煤法、急倾斜采煤法。

采煤方法

二、采煤工艺

采煤工艺是指采煤工作面各工序所用方法、设备及其在时间、空间上的相互配合关系，由破煤、装煤、运煤、支护、采空区处理5个主要工序组成。

我国目前普遍采用的采煤工艺有:爆破采煤工艺、普通机械化采煤工艺、综合机械化采煤工艺、综合机械化放顶煤采煤工艺。

(一) 爆破采煤工艺

爆破采煤工艺,简称"炮采",是指在长壁工作面用爆破方法破煤、人工装煤、输送机运煤和单体支柱支护的采煤工艺。其工艺过程为:爆破落煤及装煤→人工装煤→刮板输送机运煤→人工挂梁支柱→推移输送机→人工回柱放顶。

(二) 普通机械化采煤工艺

普通机械化采煤工艺,简称"普采",是指用机械方法破煤和装煤、输送机运煤和单体支柱支护的采煤工艺,其特点是采用采煤机械同时完成落煤和装煤工序,而运煤、顶板支护和采空区处理与炮采工艺基本相同。

(三) 综合机械化采煤工艺

综合机械化采煤工艺,简称"综采"。综采工艺的特点是落煤、装煤、运输、支护、采空区处理等工序全部实现了机械化。综采和普采最大的区别是,综采使用了自移式支架支护顶板,解决了支护与回柱放顶人工操作的难题,实现了支护与采空区处理的机械化。综采的优点是劳动强度低、产量高、效率高、安全条件好。

1. 落煤与装煤

采煤机一般是骑在输送机上,以输送机两侧做导轨上下往复运行,割下的煤靠螺旋滚筒及弧形挡煤板装入输送机中,使落煤、装煤、运煤三道工序实现连续作业。综采一般采用双向割煤、往返一次进两刀的割煤方式和斜切式进刀方式。

2. 运煤

采煤机采落的煤由工作面重型可弯曲刮板输送机运到工作面的下端,转载到工作面下端所铺设的桥式转载机上,经运输平巷中所铺设的可伸缩带式输送机运到采区运输上山(下山)中的带式输送机上,然后运往采区煤仓。随着工作面向前推进,转载机和可伸缩带式输送机也不断交替推移前进。

3. 输送机和支架的移动

整体式支架,移架和推移输送机共用一个液压千斤顶连接支架底座和输送机槽,互为支点,进行推移输送机和前拉支架。

4. 支护

综采工作面采用液压支架支撑顶板,维护工作空间。液压支架的支护方式有及时支护、滞后支护和超前支护 3 种。

5. 采空区处理

综采工作面主要采用垮落法处理采空区。

(四) 综合机械化放顶煤采煤工艺

综合机械化放顶煤采煤方法是对厚煤层用综采设备进行整层开采的一类采煤方法。其基本做法是沿煤层的底部布置一个常规综采工作面进行采煤,工作面后上部的顶煤则由液压支架的顶煤放煤口放入工作面输送机,再运出工作面。

放顶煤采煤方法有以下 3 种:

(1)一次采全厚放顶煤。沿煤层底板布置综采放顶煤长壁工作面,一次采放出全部厚煤层。

(2)预采顶分层网下放顶煤。将煤层划分为两个分层,在煤层顶板下先布置一个 2~3 m 的顶分层综采放顶煤长壁工作面。顶分层工作面采煤铺网后,再沿煤层底板布置一个与顶分层同样的综采放顶煤工作面,进行常规采煤并将两个工作面之间的顶煤放出。此法一般适用于厚度在 12~14 m 以上,直接顶坚硬或煤层瓦斯含量高,需预先抽采瓦斯的缓倾斜煤层。

(3)倾斜分层放顶煤。煤层厚度在 12~14 m 以上,将煤层沿倾斜分为 2 个以上厚度在 6~8 m 以上的倾斜分层,依次放顶煤开采。

三、掘进技术

在煤(岩)体中,采用一定的手段把煤(岩石)破碎下来,形成地下空间,接着对这个空间进行支护的工作,叫作巷道掘进。

掘进的主要工序有破岩、装岩、运输和支护;辅助工序有排水、掘砌水沟、通风、铺轨和测量等。

（一）破岩技术

在掘进巷道中,破碎岩石是一项主要工序。破碎岩石常用的方法有钻眼爆破破岩法和综合机械化破岩法。

1. 钻眼爆破破岩法

钻眼爆破破岩法,简称"钻爆法"。在采用钻爆法掘进巷道时,施工工艺参数往往是以钻爆工序为主配合其他工序而确定的。钻眼爆破技术主要包括岩巷光面爆破技术、毫秒爆破技术、断裂控制爆破技术等。

在钻眼爆破作业时,应根据爆破说明书进行工作面炮眼的布置。编制爆破说明书和爆破图表时,应根据岩石性质、地质条件、设备能力和施工队伍的技术水平等,合理选择爆破参数,尽量采用先进的爆破技术。

2. 综合机械化破岩法

综合机械化破岩法,简称"综掘法"。综掘法是近年来迅速发展起来的一种先进的巷道掘进技术,其关键设备是综合掘进机,主要以悬臂掘进机和刀盘掘进机为主。综合掘进机是集切割、装载及转运、降尘等功能于一体的大型高效联合作业机械设备。综合掘进机用于巷道掘进施工,可以连续掘进,实现破、装、运一体化,减少掘进工序,具有掘进速度快、效率高、巷道成型规整、岩体免遭爆破震动、施工质量好等优点,是煤巷、半煤岩巷快速掘进的最佳方法。

（二）装岩与运输

巷道装岩有人工装岩和机械装岩；运输机械有刮板输送机、带式输送机和电机车等。

（三）支护技术

支护的作用在于改善围岩稳定状况和控制围岩运动发展速度，以维护安全的工作空间。支护方式的选择，取决于巷道用途、服务年限和围岩的稳定状况等，对受工作面采动影响小的巷道，可采用沉缩量小的刚性支护，如井下运输大巷、井底车场等一些开拓巷道；对受采动影响较大的不稳定巷道，可选用可缩性支护，如准备巷道和回采巷道。

1. 拱形砌碹支护

拱形砌碹支护是以料石、砌块为主要材料，以水泥砂浆胶结，或以混凝土现场浇灌而成的连续整体式支护。石材及混凝土支架一般为拱形，由基础、墙和拱顶三部分组成。

拱形砌碹适用于一些服务年限长或断面尺寸较大的开拓巷道和硐室，或者用于围岩很破碎、顶板不稳定、有大面积淋水的地段。

2. 金属支架支护

金属支架一般分为 U 型钢拱形可缩性支架和矿用工字钢支架。

（1）U 型钢拱形可缩性支架是国内外使用最广泛的一种架型，一般由拱形顶梁、棚腿和连接件组成。根据巷道断面尺寸、主要来压方向及围岩移近量的大小不同，可采用节数不同的结构形式，一般为 3～5 节。拱形支架断面参数对支架承载能力有一定的影响。

多铰摩擦 U 型钢拱形可缩性支架是一种曲腿拱形支架，支架将多铰支架与 U 型钢拱形可缩性支架合成一体，兼具两者的优点。多铰结构能适当调整支架断面形状以适应围岩不均匀荷载和变形，使支架受力均匀；铰结构本身还能减小支架弯矩，提高支架承载能力。同时铰结构靠近型钢可缩接头，使型钢搭接位置处弯矩减小、轴力增大，改善支架的可缩性能。

（2）矿用工字钢支架

矿用工字钢支架支护体系中的缩量包括柱腿插入底板、架后破碎矸石压缩、接榫处木垫压缩以及支架本身的挠曲变形等。由于可缩量很小，矿用工字钢支架只能在围岩比较稳定、变形较小、压力不大的巷道中使用。梯形刚性支架是使用最多的一种架型，有一梁二柱和加设中柱两种基本形式，梁、腿之间有接榫结构，柱腿下部焊以底座。

3. 锚杆支护

锚杆支护是把围岩锚固起来，形成支架与围岩共同作用的受力整体，从而减小围岩变形，防止围岩冒落。在层状岩层中，锚杆可将薄层的岩层锚固在一起形成组合梁，锚杆还可以把松软围岩牢固悬吊在坚固稳定的岩层上；在非层状岩层中，锚杆可将巷道周围的岩块彼此拉紧使其形成一个拱。

锚杆支护的优点是：坚固、耐用，安全可靠，巷道维护量少；施工工艺简单，劳动强度低；可紧跟掘进工作面，便于组织掘进支护平行作业和一次成巷；可缩小巷道断面 10％～20％，节省材料，费用低。锚杆支护的缺点是：人工打顶板眼困难；单纯的锚杆支护不能封闭围岩表面，不能防止围岩的风化和脱落，为此最好和其他支护联合使用。

4. 锚网支护

锚网支护是将金属网用托板固定或绑扎在锚杆上所形成的支护形式。金属网用来维护锚杆间的围岩，防止小块松散岩石掉落，也可以用作喷射混凝土的配筋。

5. 锚喷支护

在巷道掘进后，向围岩钻孔，在孔内插入锚杆，对围岩进行人工加固，并利用围岩本身的支撑能力以达到维护巷道的目的。为防止围岩风化或破碎,可以在锚固以后再喷射混凝土(或喷水泥砂浆),这样可以增强支护效果。

锚喷支护的优点是施工速度快、机械化程度高、成本低、节省材料等。

6. 锚网喷联合支护

锚网喷联合支护是取锚杆支护和喷射混凝土支护二者之长。在喷射混凝土之前敷设金属网,喷后成钢筋混凝土层,提高了喷层的整体性,改善了喷层的抗拉性能,这就形成了锚网喷联合支护,可以有效地支护松散破碎的软弱岩层。

锚网喷联合支护是一种先进的支护方式。其优点是当围岩不稳定时,该支护方式具有工艺简单、机械化程度高、施工速度快、巷道掘进工程量小、支护材料消耗少、成本低等优点。

7. 组合锚杆支护

组合锚杆支护是以锚杆为主要构件并辅以其他支护构件而组成的锚杆支护系统。这是近年发展起来的新型锚杆支护形式,一般用于煤巷支护,其类型主要有锚梁(带)网支护和锚杆桁架支护等。

第四节 智能化矿山建设与绿色开采

一、概述

(一) 智能化矿山技术

智能化是矿山技术发展趋势,只有实现了智能化才能从根本上实现最优的生产方式、最佳的运行效率和最安全的生产保障。智能化煤矿是基于现代智慧理念,将物联网、云计算、大数据、人工智能、自动控制、移动互联网、机器人化装备等与现代化矿山开发技术融合,形成矿山感知、互联、分析、自学习、预测、决策、控制的完整智能系统,实现矿井开拓、采掘、运输、通风、分选、安全保障、生态保护、生产管理等全过程智能化运行。

（二）国家《能源技术革命创新行动计划（2016—2030 年）》

煤矿智能化标准体系建设是一项复杂的系统工程,应在统筹规划、需求牵引、立足实际、开放合作的原则指导下,不断迭代更新,才能提升标准对于智能化煤矿的整体支撑作用,为产业发展保驾护航。按照国务院和国家标准化委员会指导意见,应大力发展、推广团体标准,中国煤炭学会和煤矿智能化创新联盟团体将积极加快煤矿智能化系列标准的制定、发布、应用。到 2050 年,"全面建成安全绿色、高效智能矿山技术体系,实现煤炭安全绿色、高效智能生产"。

二、智能化采煤工作面

（一）采煤工作面目前现状

采煤机、刮板输送机、液压支架、工作面视频与远程控制都进行了一定程度的智能化开发,由于缺乏协同联动机制,各系统之间相互独立,不能协同作业。

（二）智能化采煤工作面

应用物联网、云计算、大数据、人工智能等先进技术,使工作面采煤机、液压支架、输送机（含刮板输送机、转载机、破碎机、可伸缩带式输送机）及电液动力设备等形成具有自主感知、自主决策和自动控制运行功能的智能系统,实现工作面落煤（截割或放顶煤）、装煤、支护、运煤作业工况自适应和工序协同控制的开采方式（作业空间）。

工作面实现主煤流运输系统自动化集中控制和主煤流系统的主要设备监测参数的采集;采煤机工况及姿态参数监测、机载无线遥控器、惯性导航、滚筒记忆割煤、故障诊断、运行实现自动化控制;乳化液泵实现流量调节功能,实现高压自动反冲洗、自动配比补液、高低液位自动控制、远距离供液控制;液压支架跟随采煤机实现自动跟架控制,并常态化运行;建立远距离供电监控系统、智能喷雾降尘系统和视频监控系统。

（三）智能化采煤工作面需要解决的问题

以大数据分析和深度学习为基础,通过系统的自主学习与数据训练形成自主分析与决策机制,解决智能控制系统自主决策难题。由于基于神经网络的深度学习模型数学机理不清晰,相关研究正在深入,距离实际应用尚有差距。现阶段,切实可行的方法是在智能感知、智能控制技术基础上,建立协同联动机制,通过各设备的协同控制,智能协调工作面各设备自动运行,解决工作面装备智能决策缺失难题,实现工作面智能化开采。

三、智能化掘进工作面

（一）智能化掘进工作面现状

智能化掘进工作面由掘进机、带式转载机、自移机尾、除尘系统、远程集控平台、顺槽车等组成。以掘进机为龙头的智能化成套装备,截割产生的物料由带式转载机连续运输出去;自移机尾可以用于远程集控平台的机载布置以及带式转载机的搭接,实现上述设备随掘移动;除尘系统控制及处理工作面粉尘;远程集控平台实现工作面成套装备远程集中协同控制;顺槽车用于煤矿井下顺槽物料、设备及人员的运输。

（二）智能化掘进工作面发展方向

采用掘进、支护、运输"三位一体"高效快速掘进技术体系,基于配套设施建设一套集多信息融合智能协同监测、设备间防碰撞预警、人员接近安全预警、设备三维动画人机交互和多设备机载远程集中协同控制等功能于一体的掘进工作面成套装备智能化控制系统。推广煤巷掘、支、运三位一体高效快速掘进成套装备与技术,应用掘进远程控制、智能截割、掘支平行快速作业等先进技术与装备,推进巷道硬岩掘进机(TBM)应用,实现掘进快速化、智能化。

四、无人值守提升、运输、排水及供电系统

无人值守是通过采用智能监测、自动控制技术和远程监控信息平台,实现矿井提升、运输、排水、供电等煤矿子系统的无人化,以达到减人提效的目的。

(一) 无人值守提升系统

提升系统接入后可实现对主井提升系统运行状态实时监测,监测数据包括行程值、电压、电流、速度、提升信号、提升方式、提升斗数以及各种保护状态等;对主井装载硐室运行状态实时监测,监测数据包括给煤机运行状态、箕斗到位状态、胶带运行状态、定量斗扇形门到位状态以及定量斗质量等参数。通过集控室远程监控系统,就能随时掌握箕斗装载、设备运行情况,提升量统计上报情况,提升中出现粘煤、稀煤等不正常状态,并通过远程控制达到无人值守的目的。

(二) 无人值守运输系统

无人值守运输系统以可编程控制箱为控制核心,接入驱动装置、张紧装置、电力系统等设备,并通过完善的监测保护系统,实现单带式输送机节能运行;各带式输送机的可编程控制箱经光纤级联后,可实现多带式输送机联锁控制,使矿井带式输送机运输系统安全可靠、节能高效地运行。

(三) 无人值守排水系统

煤矿下主排水系统采用以 PLC 为核心的远程监控系统,根据预置模式、用电负荷、峰谷分时电价、水仓水位、水文监测系统等控制电机的启停和轮值,实现排水功能的无人值守。系统通过触摸屏以图形、图像、数据、文字等方式,直观、形象、实时地反映系统工作状态以及水仓水位、电机工作电流、电机温度、轴承温度、多趟排

水管流量等参数,并通过通信模块与智慧矿山云平台进行数据交换,最终通过远程控制实现无人值守。

(四)无人值守供电系统

矿井电网供电可靠性已成为影响煤矿安全生产的重要因素,矿井电网数字化、自动化和智能化的程度,对提高矿井电网的可靠性和自动化水平,保障煤炭企业的安全生产起到了至关重要的作用。该系统由监控中心站、变电所监控站、综合保护单元等组成,采用三层结构:第一层为信息管理层,第二层为传输信道及电力监控站,第三层为智能隔爆高压开关和低压馈电开关类设备。该系统可实现地面及井下变电所供电管理智能安全、运营维护高效便捷,为智能化矿山决策分析提供依据。

五、无人值守通风压风与瓦斯抽采系统

(一)无人值守通风压风系统

压风机监控系统对多台并网运行的压风机进行集中控制联网,充分发挥各压风机的性能,使系统在保证供气质量的前提下,实现最大限度的节能与运行时间的均等,延长压风机的使用寿命,有利于压风机的维护。该系统可实现压风机控制和运行的各种参数、报警故障等提示信息集中监测。

无人值守通风系统由多种传感器、变送器、取压装置,以及主通风机性能在线监测装置、传输接口、监控计算机及软件等设备组成。系统能够在线连续监测矿井主通风机风量、负压、轴温、电流、电压、振动等参数及风门、风机开停等运行状态;具有矿井主通风机就地/远程监测监控、不间断切换风机、自动倒风等功能。

(二)无人值守瓦斯抽采系统

矿井瓦斯抽采监控系统采用工业控制技术、网络技术、总线技术、监测技术,完成设备数据检测与集中控制,实现设备多平台控制与集中管理。系统采用上位机、数据采集显示系统和PLC控制

系统、受控设备和现场传感器三层结构,监控整个抽采系统所有设备的运行状态,显示监测数据,下发控制信号,共享控制权力(实现网络远程控制)。

六、工业控制安全与视频监控系统

(一) 工业控制安全系统

矿井工业控制安全系统能提高矿井工业控制的安全保护能力。系统部署有工业主机防护系统、工业边界防火墙、工业安全监测系统、工业网闸、工业漏洞扫描和工业安全态势感知系统,可实现对煤矿生产网工业主机进行安全防护,对工控网络边界进行隔离,对工控网络流量进行实时集中监测。

(二) 视频监控系统

矿山智能视频分析系统基于多特征融合的井下动目标识别及异常状况检测、煤矿井下复杂背景图像增强等技术,把深度学习等最新的机器学习算法和计算机视觉技术运用到煤矿生产管理中,实现采煤机视频实时跟踪、片帮告警智能视频识别、堆煤检测智能视频识别、刮板输送机内大块煤及煤量估算智能视频识别、人员"三违"预警智能视频识别和井下工作人员人脸识别等。

七、智能化管控平台与网络通信系统

(一) 智能化管控平台

矿井智能化管控平台系统可集成全矿井各种综合自动化系统,含采煤、掘进、给排水、主通风机、压风机、主运输、辅助运输、供电等系统的实时组态画面监测。可在系统中定义故障条件,实时弹出报警窗口,报警窗口需人工确认后关闭,并且联动工业视频和综合告警系统,用户可进行远程视频查看。综合自动化全景管控平台可以直接发布成网页,采用最新的 HTML5 技术,可以在安卓、iOS、Linux 等系统下运行,实现主要生产场景的实时数据监控和真实设备运行动画展示。该系统可集成安全监控系统、人员定位系统、视频监控系统、水文监测系统、矿压监测系统、束管监测系统、粉尘防治系统、井上下环境监测系统等所有环境、人员数据、文字信息,实现数据共享、综合利用以及定制化的功能展示,实现模拟曲线类、数字显示类、流动方向类、跟踪定位类、储藏仓位类、位置监控类、音视频播放类的维度组态和视点布局,实现实时数据的增强现实展示、报表查询、声光报警、快速定位和关联分析,使煤矿井上下子系统做到远程控制,以实现煤矿子系统无人值守的目的。

(二)网络通信系统

矿井通信系统的建设,可实现在统一的网络平台上对全矿井的生产安全信息进行监测,井下设备实现集中监控,进而实现整个矿井的安全、生产、管理等环节数字、控制、语音、视频等信息合一。可以将各系统的通信线路有机整合,除安全监控、有线调度通信系统等需要单独通信的子系统外,其他子系统通过网络通信系统进行数据传输。

(三)5G技术在煤矿的应用

5G技术凭借高速率、低时延、大连接三大基础能力和边缘计算、切片等增强能力,与各项数字技术深度融合,成为驱动智能矿山建设的加速器。同时,为满足智能化采掘工作面网络传输和低延迟视频与控制需要,融合5G+AI+云"新基建",打造矿井智能化矿山新一代高速、智能基础通信设施与云平台,满足未来可持续的智能化提升与信息化需求,构建智能化矿山信息高速传输及融合通信一张网。

八、煤矿灾害防治新技术

(一)矿井瓦斯防治新技术

1. 瓦斯煤尘爆炸危险性预测评价技术

通过建立粉尘云着火及燃烧过程简化模型,研究得出了瓦斯煤尘共存条件下煤尘云着火特征参数计算方法,揭示了瓦斯爆炸过程中爆炸波和火焰的变化特征,达到瓦斯煤尘爆炸危险性预测评价。

2. 煤与瓦斯突出区域预测技术

通过具有信息输入、动态管理和空间分析功能的瓦斯突出区域预测 WebGIS 信息平台,实现了瓦斯突出区域瓦斯地质方法的自动化和可视化。

利用地球物理探测技术,建立由 3D3C 地震技术、振幅随偏移距的变化(AVO)技术、地震反演技术、地震属性分析技术、地震波形分类技术、瓦斯地质技术等构成的瓦斯富集部位地质-地震预测模式,形成了瓦斯富集部位探测的核心技术。

(二) 矿井火灾防治新技术

1. 煤矿光谱束管监测技术

煤矿光谱束管监测系统由束管气体自动监测装置、光纤测温装置、煤自燃预警终端组成。该系统利用激光光谱吸收(TDLAS)和拉曼光纤测温(DTS)技术实现了对采空区内部温度和自然发火标志性气体 CO、O_2、CO_2、CH_4、C_2H_4、C_2H_2 等的在线连续监测。系统具备在井下近距离采样、即时分析、实时监测、准确预警等功能。

2. 复合胶体防灭火技术

复合胶体属灌浆增强型防灭火材料,该材料与黄泥浆、粉煤灰浆配合使用,可提高浆液浓度,减小管路堵塞爆管概率,提高灌浆效率和灌浆质量,降低单位灌浆成本。

(三) 矿井综合防尘体系

1. 自动防尘喷雾

通过传感器采集信号,驱动电磁阀动作实现喷雾自动开启或关闭,延时设定开关确定喷雾的延时时间,且具备定时喷雾、持续喷雾的功能。

2. 泡沫除尘

泡沫除尘是利用压缩空气在混合器内使水和表面活性剂混合后,通过发泡装置的金属网形成细小泡沫,再经过导管喷向尘源。这种方法灭尘效果较好。

3. 除尘器除尘

除尘器是利用作用在粉尘上的重力、惯性力、离心力、扩散黏附力及电磁力等把煤尘捕集起来的装置,一般使用在集中产尘的地方,如掘进机滚筒附近。

(四) 矿井防治水新技术

1. 煤矿涌水量动态监测预警系统

该系统实现了对地下水的水位、水温进行自动监测、存储和分析,检测污水、废水、水产养殖/生活用水,稳定抗干扰,24 h数据实时传输,远程查看。

2. 可视化地下水模拟评价新型软件系统

该系统通过三维溶质运移模拟、流线示踪模拟和任意均衡域的水均衡计算为煤矿防治水提供有效参考数据。

九、煤矿绿色开采

(一) 煤矿绿色开采的提出

党的十六大报告明确提出"走出一条科技含量高、经济效益好、资源消耗低、环境污染少、人力资源优势得到充分发挥的新型工业化路子"。因此,必须充分考虑我国资源相对短缺、环境比较脆弱的基本特点,建立起适合我国国情的资源节约、环境友好的新型工业化发展道路。它不同于传统经济的"高开采、低利用、高排放",而是要达到"低开采、高利用、低排放"的可持续发展目标。显然,此处的"绿色工业"是广义的概念。对矿业来说就是要实现"绿色矿业"。"绿色矿业"的核心内容之一就是要实现"绿色开采"。

"绿色开采"的内涵是努力遵循循环经济中绿色工业的原则,

形成一种与环境协调一致的、"低开采、高利用、低排放"的开采技术。矿区在开发建设之前与周围环境是协调一致的,而开发建设后,强烈的人为活动使环境发生了巨大的变化,由此造成了矿区独特的生态环境问题,如农田及建筑物破坏、村庄迁徙、矿石堆积、河流径流量减少、地下水供水水源枯竭、土地沙漠化,以及由于开采而使矿物内的有害物质流入地下水中等。

(二) 绿色开采的技术体系

绿色开采技术主要包括以下内容:

(1) 水资源保护——形成保水开采技术。

(2) 土地与建筑物保护——形成离层注浆、充填与条带开采技术。

(3) 瓦斯抽采——形成煤与瓦斯共采技术。

(4) 煤层巷道支护技术与减少矸石排放技术。

(5) 地下汽化技术。

这些内容构成的绿色开采技术体系如图 7-1 所示。

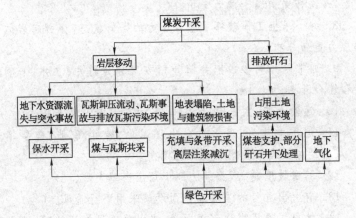

图 7-1　绿色开采技术体系图

本章练习题

一、判断题

1. 冲淡并排除井下各种有毒有害气体和粉尘是井下通风的目的之一。（　）

2. 掘进巷道必须采用矿井全风压通风或局部通风机通风。（　）

3. 开采有瓦斯喷出或煤与瓦斯突出危险的矿层时，严禁任何2个工作面之间串联通风。（　）

4. 严禁在采煤工作面范围内再布置另一采煤工作面同时作业。（　）

5. 采掘过程中可以根据实际情况扩大和缩小设计规定的煤柱。采空区内不得遗留未经设计规定的煤柱。（　）

6. 突出矿井、高瓦斯矿井、低瓦斯矿井高瓦斯区域的采煤工作面，不得采用前进式采煤方法。（　）

7. 锚杆支护属于被动支护。（　）

8. 井下采掘工作破坏了原岩应力的平衡状态，会引起岩体内部应力重新分布。（　）

9. 通常以井硐形式把井田开拓方式分为斜井、立井、平硐开拓和综合开拓。（　）

10. 运输大巷、主石门、井底车场、井硐属于开拓巷道。（　）

11. 泥质类软岩，遇水后会出现泥化、崩解、膨胀、碎裂等现象，从而造成围岩产生很大的塑性变形。（　）

12. 巷道坡度越大，支架的迎山角应当越大。（　）

13. 有突出危险的采煤工作面严禁采用下行通风。（　）

14. 抽出式通风也称负压通风，当主要通风机运转时，造成风硐中空气压力高于大气压力，迫使空气从进风井口进入井下，再由出风井排出。（　）

15. 1台局部通风机可以向2个作业的掘进工作面供风。（　　）

16. 智能化是矿山技术发展的最高形式，只有实现了智能化才能从根本上实现最优的生产方式、最佳的运行效率和最安全的生产保障。（　　）

17. 采煤工作面的现状是采煤机、刮板输送机、液压支架、工作面视频与远程控制都进行了一定程度的智能化开发，可以实现协同联动机制，各系统之间协同作业。（　　）

18. 智能化掘进工作面的未来方向是采用掘进、支护、运输"三位一体"高效快速掘进技术体系，基于配套设施建设一套集多信息融合智能协同监测、设备间防碰撞预警、人员接近安全预警、设备三维动画人机交互和多设备机载远程集中协同控制等功能于一体的掘进工作面成套装备智能化控制系统。（　　）。

19. 无人值守提升、运输、排水及供电系统不可以做到无人值守。（　　）

20. 建立工业控制安全系统是智能化矿山建设的重要一环。（　　）

21. 工业视频可以有效减少煤矿安全生产事故，做到"事前预防，事中控制，事后分析"。（　　）

22. 智能化管控平台使煤矿井上下子系统实现远程控制，以实现煤矿子系统无人值守的目的。（　　）

23. 5G技术凭借高速率、低时延、大连接三大基础能力和边缘计算、切片等增强能力，以及与各项数字技术的深度融合，目前成为驱动智能矿山建设的加速器。（　　）

24. 目前我国没有瓦斯煤尘爆炸危险性预测评价技术。（　　）

25. 目前矿井综合防尘技术有自动防尘喷雾、泡沫除尘、除尘器除尘等技术。（　　）

二、单项选择题

1. 矿井总风量应确保井下同时工作的最多人数每人每分钟

供风量不少于（　　）。

　　A. 3 m³　　　　B. 4 m³　　　C. 5 m³

　　2. 矿井反风时，主要通风机的给风量应不小于正常供风量的（　　）。

　　A. 30%　　　　B. 40%　　　C. 35%

　　3. 局部充填法适用于顶板坚硬且不易垮落的（　　）中。

　　A. 薄煤层　　　B. 厚煤层　　C. 中厚煤层

　　4. 最佳的巷道支护形式是（　　）。

　　A. 允许巷道围岩在一定范围内变形

　　B. 不允许巷道围岩变形

　　C. 允许巷道围岩变形

　　5. 拱形巷道拱的作用主要是承受（　　）。

　　A. 侧压　　　　B. 顶压　　　C. 底压

　　6. 常用的破岩方法有（　　）。

　　A. 钻爆法和超声波破岩法　　　　B. 钻爆法和机械破岩法

　　C. 钻爆法和水力破岩法

　　7. 当断层处的顶板特别破碎，用锚杆锚固效果不佳时，可采用（　　）。

　　A. 注浆法　　　B. 架棚法　　C. 打木柱

　　8. 靠近掘进工作面（　　）m 内的支护在爆破前必须加固。

　　A. 25　　　　　B. 15　　　　C. 10

　　9. 恢复通风前，压入式局部通风机及其开关附近（　　）以内风流中瓦斯浓度都不超过 0.5% 时，方可人工开启局部通风机。

　　A. 10 m　　　　B. 15 m　　　C. 20 m

　　10. 反风设施应（　　）至少检查一次。

　　A. 每季度　　　B. 每半年　　C. 每年

　　11. 开采有突出危险的煤层时，采掘工作面必须采用（　　）通风。

A. 独立　　　　B. 串联　　　C. 角联

12. 工业视频可以有效减少煤矿安全生产事故,做到( )。

A. 事前分析,事中控制,事后预防

B. 事前预防,事中控制,事后分析

C. 事前控制,事中分析,事后预防

13. 以下( )平台可以实现远程控制。

A. 信息化平台

B. 智能化管控平台

C. 网络通信平台

14. 煤矿智能化标准体系建设是一项( )的系统工程。

A. 简单　　　　B. 抽象　　　C. 复杂

15. ( )使矿井带式运输系统安全可靠、节能高效地运行,从而达到减员增效、安全生产的目的。

A. 无人值守通风系统

B. 无人值守压风系统

C. 无人值守运输系统

16. 建设一套( )实现地面及井下变电所供电管理智能安全、运营维护高效便捷,为智能化矿山决策分析提供依据。

A. 无人值守通风系统

B. 无人值守压风系统

C. 无人值守供电系统

17. ( )可根据煤矿瓦斯抽采泵站的实际情况,按照客户需求灵活选择系统容量配置,满足不同工作状况下的监测和自动化控制需求,系统主要包括参数监测和自动控制两个方面。

A. 无人值守瓦斯抽采系统

B. 无人值守通风系统

C. 无人值守供电系统

三、多项选择题

1. 矿井应当具备完整的独立通风系统。（ ）的风量必须满足安全生产要求。

A. 风门　　　　B. 矿井　　　　C. 采掘工作面　　D. 采区

2. 采煤工作面事故多发区主要有（ ）。

A. 上、下安全出口　　　　B. 上下端头

C. 煤壁区　　　　D. 回柱放顶区

3. 属于回采巷道的是（ ）。

A. 运输平巷　　B. 回风平巷　　C. 开切眼　　D. 采区上下山

4. 锚杆支护可以起到（ ）作用。

A. 悬吊　　　　B. 组合梁　　　　C. 加固拱　　　　D. 封闭

5. 以下关于风速的规定，（ ）是正确的。

A. 采煤工作面的最高风速为 6 m/s

B. 岩巷掘进中的最高风速为 4 m/s

C. 采煤工作面的最低风速为 0.25 m/s

D. 主要进、回风巷中的最高风速为 8 m/s

6. 矿井通风的基本任务是（ ）。

A. 供人员呼吸　　　　　　B. 防止煤炭自然发火

C. 冲淡和排出有毒有害气体　　D. 创造良好的气候环境

7. 5G 技术有几大基础能力（ ）。

A. 高速率　　　　B. 低时延　　　C. 大连接　　　　D. 传输远

8. 智能化掘进工作面的未来发展方向是采用掘进、支护、运输"三位一体"高效快速掘进技术体系（ ）。

A. 掘进　　　　B. 支护　　　　C. 运输　　　　D. 防护

9. 智能化矿山有（ ）特点。

A. 安全　　　　B. 绿色　　　　C. 高效　　　　D. 智能

练习题答案

一、判断题

1. √　2. √　3. √　4. √　5. ×　6. √　7. ×　8. √
9. ×　10. √　11. √　12. √　13. √　14. ×　15. ×
16. √　17. ×　18. √　19. ×　20. √　21. √　22. √
23. √　24. ×　25. √

二、单项选择题

1. B　2. B　3. A　4. A　5. B　6. B　7. A　8. A　9. A
10. A　11. A　12. B　13. B　14. C　15. C　16. C
17. A

三、多项选择题

1. BCD　2. ABCD　3. ABC　4. ABC　5. BCD　6. ACD
7. ABC　8. ABC　9. ABCD

第八章 现 场 救 护

第一节 现场救护的目的、任务、原则

现场救护是指在劳动生产过程中和发生各种意外伤害事故、急性中毒、外伤和突发危重病员等工作现场,没有医务人员时,为了防止病情恶化、减少病员痛苦和预防休克等所应采取的一种初步紧急救护措施,又称院前急救。

一、现场救护的目的

(1) 挽救生命。在突发事故现场采取有效急救措施的首要目的就是挽救伤病员的生命。

(2) 防止伤情恶化。尽可能防止伤情进一步发展而产生继发性损伤,以避免伤残和死亡事故。

(3) 促进伤病员恢复。有效的救护有利于伤情的后期治疗及伤病员身体和心理的康复。

二、现场救护的任务

(1) 确认现场安全。

(2) 迅速判断伤情。

(3) 尽快拨打调度室电话寻求帮助。

（4）采用正确有效的方法救护伤员。

三、现场救护的原则

分清轻重缓急，先救命，后治伤，及时果断施救。现场救护遵循"三先三后"原则。如果伤员出现呼吸、心跳停止的情况，要先复苏，后搬运；如果伤员出现出血的情况，要先止血，后搬运；如果伤员出现骨折的情况，要先固定，后搬运。

第二节　现场伤情评估

煤矿作业期间，若发生事故，要迅速评估现场安全状况，采取措施，对伤员进行检查分类及相应处置，以最大限度地保全伤员生命，防止伤情进一步恶化，促进伤员恢复。

一、评估环境

煤矿井下发生安全事故，出现人员伤亡时，应首先评估环境，最大限度地确保施救者与被救者的安全，避免盲目施救。

二、评估伤情

（一）初步评估

1. 检查伤员意识

采用轻拍重喊的方式，即轻拍伤员肩部，大声在其耳边呼喊其名字，若无回应，且无肢体反应，即确认其意识丧失。

2. 检查伤员呼吸、心跳

用面颊或手部触碰伤员鼻腔，感知有无气体的流动；用眼睛观察伤员胸部有无上下起伏，从而判断伤员有无呼吸；用手触碰伤员颈动脉，判断伤员有无心跳，评估时间为 $5\sim10$ s。

3. 检查动脉大出血

动脉大出血时，血液为鲜红色，自伤口向外喷射或冒出，速度快、量多，目视即可判断。

（二）详细评估

经过初步评估后，通过对伤员实施心肺复苏及止血处理后，伤员的致命因素得到控制，此时可对伤员进行详细检查、评估，为进一步救护提供有利条件。

对伤员身体各个部位进行检查，有无外伤性损伤、骨折、烧伤、瘫痪等症状。详细评估完毕，应按照伤情对伤员进行分类。

第三节　心肺复苏

心肺复苏（CPR）是指针对心脏骤停、呼吸停止的伤病员应用的，目的是维持伤病员的器官存活和恢复生命活动的一系列、规范和有效的急救措施。

判定患者呼吸、心跳是否停止，一旦判定呼吸、心跳停止，立即对伤员实施心肺复苏进行抢救。

心肺复苏的步骤包括胸外按压、开放气道、人工呼吸。

心肺复苏
操作步骤

一、胸外按压

使伤员平躺仰卧于硬质地面，救护人员跪在伤员一侧，双手上下交叠，腕、肘、肩成一条线，利用背部力量按压伤员胸骨中下 1/3 处，频率为 100～120 次/min，按压深度为 50 mm。

二、开放气道

开放气道是保持呼吸道通畅的首要步骤，如果气道阻塞或气道不畅,可导致自主呼吸停止或人工呼吸失效。

开放气道步骤如下:

(1) 清除异物;

(2) 开放气道(抬头仰颌)。

三、人工呼吸

人工呼吸是指用人为的方法,运用肺内压与大气压之间压力差的原理,使呼吸骤停者被动式呼吸,获得氧气,排出二氧化碳,维持最基础的生状态。

人工呼吸的方法很多,以口对口吹气式人工呼吸最为方便和有效。该法操作简便、容易掌握,而且气体的交换量大,接近或等于正常人呼吸的气体量。

救护人员吹气力量的大小,依照病人的具体情况而定。

心肺复苏的按压通气比为30∶2,即30次的胸外按压和2次的人工呼吸为一个循环,按照要求5个循环后可评估伤员情况或者换人交替进行心肺复苏。

第四节　止　　血

一、概述

(一) 出血的分类

1. 内出血

(1) 从吐血、咳血、便血或尿血情况判断肠、肺、肾或膀胱有无出血。

(2) 根据症状判断伤员有无内出血,比如面色苍白、出冷汗、四肢发凉、脉搏强弱以及胸、腹部有肿胀疼痛等。

在井下一旦受到撞击或挤压而受伤,在现场不能判断的,建议升井以后到就近的医疗机构做进一步的检查,排除内出血的可能。

2. 外出血

(1)动脉出血呈鲜红色,速度快,呈间歇性喷射状。

(2)静脉出血多为暗红色,持续涌出。

(3)毛细血管损伤多为渗血,血液呈鲜红色,自伤口缓慢流出。

(二)休克

在煤矿,伤员休克主要为低血容量休克,即因大量出血或体液丢失,导致血液有效循环量降低而引发的。外伤出血时外伤疼痛和恐惧使心脏外周血管突然扩大从而使全身血容量相对减少,大面积烧伤时大量血浆样体液从创面渗出,均可造成休克。

对休克伤员的救护,简称为抗休克,主要是止血及阻止体液继续丢失,保持呼吸道畅通。

(1)对于严重的创伤,应立即进行止血、止痛、包扎、固定。

(2)让伤员平躺,如果无腹部伤或头部伤,可抬高其下肢。

(3)使伤员保持呼吸道通畅,松解伤员衣物,及时清除伤员口鼻中呕吐物及其他异物,并使伤员立即吸氧。

(4)使伤员保持安静,处理时要轻柔细致,减少移动。

(5)用毯子或衣服将伤员盖起来,使其保持温暖和干爽。

(6)安慰伤员,对其进行心理支持。伤员受伤后,常会表现出心情紧张、烦躁、恐惧等,适度的焦虑反应可提高机体免疫力,对身体的恢复起促进作用,但过度的焦虑对机体有害而无益。救护人员要将对伤员的心理支持贯穿到救治的全过程。

二、止血方法

大出血可使伤员迅速陷入休克,甚至导致死亡,必须及时止血。掌握出血的性质有助于对出血的处理。

常用的止血方法有动脉行径按压法、加压包扎止血法和止血带止血法等。

(一) 动脉行径按压法

(1) 颌面部出血时,压迫面动脉。

(2) 头顶部出血时,压迫颞动脉。

(3) 头颈部出血时,按压颈动脉,禁止同时压迫两侧。

动脉行径
止血法

(4) 肩部出血时,按压锁骨内缘。

(5) 前臂和上臂出血时,按压肱动脉。

(6) 手部出血时,按压伤侧腕部的尺、桡动脉。

(7) 下肢出血时,在腹股沟韧带中点稍下方,将股动脉压于股骨干上。

(8) 足部出血时,将左手拇指压迫内踝后下方胫后动脉,右手拇指压迫足背动脉。

(二) 加压包扎止血法

加压包扎止血法,主要用于静脉、毛细血管或小动脉出血,且出血速度不是很快和出血量不是很大的情况下。止血时先用纱布、棉垫、绷带等做成垫子放在伤口的无菌敷料上,再用绷布或三角巾进行适度加压包扎。

(三) 止血带止血法

常用的止血带有橡皮和布制两种,在现场紧急情况下,可就地取材制作止血带。

1. 止血带的使用方法

在伤口近心端上方先加垫;救护人员左手拿止血带,上端留 5 寸(1 寸＝3.33 cm),紧贴加垫处;右手拿止血带长端,拉紧并环绕伤肢伤口近心端上方两周,然后将止血带交左手中、食指夹紧;左手中、食指夹住止血带,顺着肢体下拉成环,并将上端一头插

止血带止血法

入环中拉紧固定;在上肢应扎在上臂的上 1/3 处,在下肢应扎在大腿的中下 1/3 处。

2. 布带绞紧止血法

利用现场材料,制作一条略宽的布带,将布带缠绕在上止血带的部位 2 圈,打活结;把细棍棒从止血布带穿过拎起,并绞紧;布带绞紧后,把棍棒的一头穿入活结,并抽紧固定;在上肢应扎在上臂的上 1/3 处,在下肢应扎在大腿的中下 1/3 处。

布带绞紧止血法

3. 止血带使用注意事项

采用止血带止血时应注意一些事项,避免错误操作。

止血带使用
注意事项

第五节 包　　扎

一、包扎的要求

包扎要求快、准、轻、牢。

二、包扎的方法

(一) 绷带包扎法

(1) 环形包扎法,适用于头部、颈部、腕部、胸部及腹部等处。

(2) 螺旋式包扎法,适用于四肢、胸背、腰部等处。

绷带包扎法

(3) 螺旋反折包扎法,适用于前臂、小腿等处。

(4) "8"字包扎法,适用于关节部位。

(5) 回返式包扎法,适用于头部、肢体末端或断肢部位。

（二）三角巾包扎法

（1）头顶部包扎法。外伤在头顶部时可用该方法。

三角巾包扎法

（2）胸、背部包扎法。背部包扎法与胸部包扎法相同，但包扎方向相反。

第六节 固 定

一、概述

（一）骨折

骨折固定可减轻伤员的疼痛，防止因骨折端移位而刺伤邻近组织、血管、神经，也是防止创伤休克的有效急救措施。

（二）关节脱位

在遭受暴力作用时，组成关节的两骨端易失去正常的互相连接关系，彼此移位不能自行复位，称为脱位或错位，俗称脱臼。脱位时，维持骨头位置的韧带被拉伸，有时可能被撕裂，且往往伴有骨折的发生。

对脱位关节进行固定，可以保护关节周围的韧带、血管和神经，防止其进一步受损伤。关节开脱时可用夹板、绷带固定，保持组成关节的两骨端相对位置不变，即保持关节脱位时变形的原状。现场急救时严禁对关节进行复位处理。

（三）扭伤

扭伤是指四肢关节或躯体部位的软组织损伤，而无骨折、脱位等。扭伤较为常见，表现为伤后患处出现疼痛肿胀、活动受限等，也可能出现局部淤血、瘀斑，主要影响伤员局部肢体功能。

扭伤后，24 小时内采取冷敷，24 小时后采取热敷；可用弹性绷带，用"8"字包扎法进行固定。

（四）拉伤

肌肉拉伤是肌肉在运动中急剧收缩或过度牵拉引起的损伤。如果现场确定不了是骨折还是拉伤，按骨折处理。

二、各部位骨折固定

（一）骨折固定操作要点

（1）在进行骨折固定时，应使用夹板、绷带、三角巾、棉垫等物品，身边没有时可就地取材制作，如板皮、树枝、木板、木棍、硬纸板、塑料板、衣物、毛巾等均可代替。

（2）骨折固定应包括上、下两个关节，在肩、肘、腕、股、膝、踝等关节处应垫棉花或衣物，以免压迫关节处皮肤。固定应以伤肢不能活动为度，不可过松或过紧。

（3）搬运伤员时要做到轻、快、稳。

（二）各部位骨折固定

（1）上臂骨折。于患侧腋窝内垫衬垫，在上臂外侧安放加好衬垫的夹板或其他代替物，绑扎后，使肘关节弯曲 90°，将患肢捆于胸前，再用毛巾或布条将其悬吊于胸前。

骨折固定
操作步骤

（2）前臂骨折。将加好衬垫的两块夹板置放在患侧前臂掌侧及背侧，用布带绑好，再用毛巾或布条将前臂悬吊于胸前。

（3）大腿骨折。用长木板放在患肢及躯干外侧，将半髋关节、大腿中段、膝关节、小腿中段、踝关节同时固定。

（4）小腿骨折。用长、宽合适的两块木夹板，自大腿上段至踝关节分别在内外两侧捆绑固定。

（5）骨盆骨折。用衣服将骨盆部位包扎住，并将伤员两下肢互相捆绑在一起，在膝、踝部位加软垫，曲髋、屈膝。对骨盆骨折者，应注意检查有无内脏损伤及内出血。

（6）锁骨骨折。用绷带以"8"字形固定,固定时双臂应向后伸。

第七节 搬 运

一、徒手搬运

(一) 单人搬运法

（1）扶持法；

（2）抱持法；

（3）背负法；

（4）拖行法。

(二) 双人搬运法

（1）椅托式；

（2）轿式；

（3）拉车式。

(三) 三人搬运法

单人搬运法

双人搬运法

三人搬运法

二、担架搬运

根据伤员伤情选择适宜的担架。

将伤员搬上担架的方法:两名担架员右腿跪下,一人用一只手托住伤员的头部和肩部,另一只手托住伤员的腰部;另一人用一只手托住伤员的骨盆部,另一只手托住伤员的膝下。伤员清醒、上肢没有受伤时,可用手勾住靠头部一侧担架员的颈部,另一名担架员同时起立,将伤员轻放于担架上,并将担架上的吊带扣好。

向担架上搬动脊柱骨折的伤员时,采用三人搬运法或多人搬运法将伤员轻放在硬板担架上。

搬运时,伤员的脚在前、头在后,以便于观察。担架员运送步调一致,平稳前进(向高处抬时,伤员头朝前、脚朝后或前面的担架员放低、后面的担架员抬高,使伤员保持水平状态;下台阶时则相反)。

三、运送伤员的注意事项

运送伤员时,除了要掌握相应的搬运方法,在运送时还需要掌握一些注意事项,避免操作失误。

运送伤员的
注意事项

第八节　煤矿其他伤害的现场急救

一、挤压

井下作业发生冒顶事故后,可能会出现人员挤压伤害,需要立即进行现场急救。

(一) 现场救护

(1)迅速使伤员脱离危险区。

(2)对呼吸、心跳停止的伤者进行心肺复苏;对有大出血的伤员,应立即采取止血措施;对于骨折伤员,应进行固定。

(3)伤员长时间被压,能量消耗比较大,救出后,可以补充适量的能量,比如糖水饮料、糖盐水等。

(二) 挤压综合征的救护

如果伤员被挤压时间过长,较大概率会出现挤压综合征。

挤压综合征是指人体四肢或膝盖等肌肉丰富的部位遭受重物(如石块、土方等)长时间的挤压,在挤压解除后,身体出现一系列的病理、生理改

挤压综合征
急救措施

变。临床上主要表现为以肢体肿胀、肌红、蛋白尿、高钾血症为特点的急性肾功能衰竭，如不及时处理，后果较为严重，甚至导致患者死亡。

为了防止挤压综合征的发生，应该采取措施进行急救。

二、中毒窒息

(一) 气体中毒的现场救护

气体中毒伤员的现场处置与井下有毒有害气体的现场救护相同。

(二) 窒息的现场救护

（1）对于中毒性窒息，迅速将伤员送到有新鲜风流的地方进行抢救，必要时可做人工呼吸。

气体中毒的
现场救护

（2）对于外伤性窒息，可先清理口腔、鼻腔异物，保持呼吸道畅通，然后处理伤情，封闭胸部开放性伤口，固定骨折部位。

（3）对于窒息昏迷的伤员，使其保持侧卧位，使其口中的分泌物流出，同时，将其舌头拉出，防止舌后坠堵住气道。

三、触电

（1）立即切断电源或使触电者脱离电源。关闭电源前，救护人员不能直接用手去碰触触电者的身体。

（2）迅速观察伤员有无呼吸和心跳。若伤员已停止呼吸或心跳微弱，应立即进行人工呼吸或胸外心脏按压；若伤员呼吸和心跳都已停止，应同时进行心肺复苏。

（3）对出现局部烧伤的患者应进行包扎，并且采取抗休克措施。有出血、骨折的伤员，要立即对其进行止血、包扎及固定。

四、溺水

（1）发现溺水者,应立即将其从水中救出。

（2）如溺水者神志清醒,从旁观察、防止误吸即可;如神志不清,但有呼吸、心跳,应保暖并侧卧,以防误吸。

（3）如溺水者无反应、无呼吸、无心跳,则应马上开始心肺复苏,同时报告调度室。

（4）不要进行控水。按照最新的急救指南要求,发生溺水事故不需要进行控水操作。

不要进行控水的原因

五、烧伤

（一）迅速脱离致伤源或消除致伤原因

（1）火焰烧伤时,伤员应迅速灭火,或者跳入附近水源中灭火;切勿站立、呼喊或奔跑,以防止火焰因奔跑而燃烧得更剧烈,因喊叫吸入炽热气体而造成吸入性损伤;徒手扑打火焰可致手部烧伤,可能造成手功能障碍,亦应避免。

（2）热流体或蒸气烫伤时,应使伤员迅速离开现场并立即脱去浸湿的衣服,以免衣服上的余热继续产生作用,使创面深化。要尽可能避免将泡皮剥脱,及时进行冷疗。冷疗能防止热力继续作用于创面使其加深,并可减轻疼痛、减少渗出和水肿,越早采用效果越好。冷疗一般适用于中小面积烧伤,特别是四肢烧伤。冷疗方法是将烧伤创面在自来水下淋洗或浸入水中(水温一般为 15～20 ℃),或用冷水浸湿的毛巾、纱垫等敷于创面,一般至冷疗停止后不再有剧痛为止,一般需要 0.5～1 h。如贴身衣服与伤口粘在一起时,切勿强行撕脱,以免使伤口加重,可用剪刀先剪开,然后慢慢将衣服脱去。

（3）化学物质烧伤时,最简单、有效的处理办法是离开现场后立刻脱去被化学物质沾染或浸透的衣服、手套、鞋袜等,用大量清洁冷水冲洗烧伤部位,时间不得少于 20 min。生石灰烧伤时,应在除去生石灰料后进行冲洗,防止生石灰遇水生热,加重损伤。磷烧伤时则应将创面浸于水中,或以多层湿纱布覆盖,以防止磷在空气中继续燃烧,加重损伤,并尽量剔除磷粒。

(4)电烧伤时,立即切断电源,再接触伤员,并扑灭其着火衣服。在未切断电源以前,救护人员切记不要接触伤员,以免自身触电。灭火后,如发现伤员呼吸、心跳停止,应在现场立即进行胸外心脏按压和口对口人工呼吸抢救,待心跳和呼吸恢复后,及时转送就近医院做进一步处理;或在继续进行心肺复苏的同时,将伤员迅速转送到最近的医疗单位进行处理。如是电弧烧伤,应切断电源后,按火焰烧伤处理。

(二)保护创面

现场烧伤创面一般无须特殊处理。为防止创面受污染而加重损伤,应进行简单包扎,或用清洁的被单和衣服等覆盖、包裹以保护创面。勿用盐、糖、酱油、牙膏等涂抹创面,防止污染创面。对持续躁动不安的伤员要考虑是否会发生休克,切不可盲目镇静。

(三)重视全身检查以及处理危及生命的合并伤

体表烧伤肉眼可见,如不做初步的全身检查,可能会只顾烧伤,而忽略了其他合并损伤,给伤员带来不应有的损害,甚至危及生命。因此,在处理紧急情况的烧伤病人时,首先应注意有无立即危及生命的情况,如严重的呼吸困难以至停止,心搏极弱以至停搏,血压下降以至测量不出,中毒、昏迷、大出血、骨折等,应予以优先处理。爆炸事故中发生的烧伤往往同时合并骨折、脑外伤、气胸或腹部脏器损伤,均应按外伤急救原则做相应的紧急处理。如用急救包填塞包扎开放性气胸,防止大出血,简单固定骨折部位等,之后再送附近医院处理。

(四)运送

经过现场急救的严重烧伤人员,应迅速运至附近的医院进行初期处理并治疗。一般情况下,无并发症的轻度及中度烧伤,休克发生率很低,这类伤员如果需要转送,时间上并无限制。重度烧伤人员应于伤后 8 h 内送达医院,最好在伤后 6 h 内;特重烧伤人员应在伤后 2~4 h 内送达医院,或在就近的医疗单位进行抗休克治疗,在渡过休克期后再运送。如烧伤面积大于 70% 的伤员,则应于伤后 1 h 内送达医院,否则就近进行抗休克治疗。

本章练习题

一、判断题

1. 心肺复苏是对心搏、呼吸骤停伤员所采用的最初紧急措施。( )

2. 判断伤员有无呼吸时,使用视、听、感觉方式来判断,应在 3~4 s 内完成。( )

3. 加压包扎法常用于一般出血伤口的包扎。( )

4. 缚扎止血带松紧度要适宜,以出血停止、远端摸不到动脉搏动为准。( )

5. "8"字形包扎法多用于关节处的包扎。( )

6. 人员受伤后必须在原地检伤,实施包扎、止血、固定等救治后再搬运。( )

7. 止血带止血法适用范围之一:受伤肢体有大而深的伤口,血液缓慢流出。( )

8. 骨折固定的范围应包括骨折远、近端的两个关节。( )

9. 对脊柱损伤的伤员,要让其坐起、站立和行走。( )

10. 对溺水的伤员应先控水,再急救。( )

11. 搬运伤员时要做到轻、快、稳。( )

12. 发现有人触电时,应赶紧拉他使其脱离电源。( )

二、单项选择题

1. 现场救护必须遵守"三先三后"的原则,对出血的伤员应该( )。

A. 先止血后搬运　　B. 先送医院后处置　　C. 先搬运后止血

2. 现场救护必须遵守"三先三后"的原则,对窒息或心跳呼吸刚停止不久的伤员应该( )。

A. 先复苏后搬运　　B. 先送医院后处置　　C. 搬运后复苏

3. 对于( )损伤的伤员,不能用一人抬头、一人抱腿或人背的方法搬运。

A. 面部　　　　　　B. 脊柱　　　　　　C. 头部

4. 进行胸外心脏按压时,按压深度为( )。

A. 20～30 mm　　　　B. 30～50 mm

C. 大于等于 50 mm

5. 对脊椎骨折的伤员,搬运时应采用( )搬运。

A. 硬板担架　　　　　B. 单人肩负法

C. 两个人一人抬头、一人抱脚的方法

6. 对于小腿支脉出血,止血带的部位应扎在( )。

A. 大腿的中下 1/3 处　　B. 大腿的中部 1/3 处

C. 大腿上 1/3 处

三、多项选择题

1. 以下关于胸外心脏按压说法正确的是( )。

A. 伤员仰卧于地上或硬板床上

B. 按胸骨正中线中下 1/3 处

C. 按压深度大于等于 50 mm

D. 按压应平稳而有规律地进行,不能间断

2. 对于触电者的急救,以下说法正确的是( )。

A. 立即切断电源或使触电者脱离电源

B. 迅速测量触电者体温

C. 用干净衣物包裹创面

D. 迅速判断伤情,对心搏骤停或心音微弱者,立即进行心肺复苏

3. 关于搬运,以下说法正确的是( )。

A. 必须在原地检伤

B. 对昏迷或有窒息症状的伤员,肩要垫高,头后仰,面部偏向一侧或侧卧位,保持呼吸道畅通

C. 一般伤员可用担架、木板等搬运

D. 搬运过程中密切观察伤员的面色、呼吸及脉搏等,必要时及时进行抢救

4. ( )部位不适于扎止血带。

A. 颈部　　B. 小腿　　C. 大腿　　D. 前臂

练习题答案

一、判断题

1. √　2. ×　3. √　4. √　5. √　6. √　7. ×　8. √
9. ×　10. ×　11. √　12. ×

二、单项选择题

1. A　2. A　3. B　4. C　5. A　6. A

三、多项选择题

1. ABCD　2. ACD　3. ABCD　4. ABD

第九章　矿井灾害防治及现场应急处置

第一节　煤矿事故班组应急处置

一、班组长应急处置的责任

煤矿班组长作为煤矿企业最基层组织的"一把手",为班组应急管理的第一责任人。发生突发事故后,班组长应主动担负起责任,发挥自己的主观能动性,及时如实地向作业区领导上报事故情况,同时积极组织协调人力、物力,恢复设备的正常运转。班组长的职责体现在:

(1) 对本班组应急处置负全面责任。

(2) 负责组织全班职工学习煤矿(包括区队)各类灾害应急预案,掌握应急处置的方法,会扑灭初期火灾或处置其他初期事故。特别是对于逃生路线、紧急集合地点、报警电话、急救方法等要教导本班组成员牢记。

(3) 负责组织救人、逃生、报警等演练,并对演习效果进行评价和改进。

(4) 发生突发事故后,以保护人身安全为第一目的,同时兼顾设备和环境的防护,尽量减少灾害的损失程度。事故发生后,立即组织班组全体成员救人、逃生,集中后清点人数,发现未到者及时向上级汇报。

（5）判断突发事故灾情后，立即指挥抢救人员作业，向事故现场人员发送指令，同时向直接上级汇报。

二、煤矿各类灾害事故的处置要点

煤矿各类灾害事故的处置要点包括避难硐室避难、佩戴自救器逃生和创伤急救等。

（一）避难硐室避难

（1）在避难硐室中避难时，全体避难人员要团结互助、坚定信心；应在避难硐室外留有衣物、生产工具、矿灯等明显标志，以便救护人员发现。

（2）避难过程中，硐室内只留一盏矿灯照明，其余矿灯全部关闭，留作再次撤退时使用；避难时间过长获救后，不要马上过多饮水、进食和见强光，以防止损坏消化系统和眼睛。

（3）避难时应保持冷静，尽量俯卧在巷道底部，不急躁，保持精力，减少氧气消耗和避免吸入更多的有害气体；定期敲打铁管或岩帮等发出呼救信号。有条件时，打开矿用自动呼救器（矿井寻人仪），及时给营救人员提供避难地点的方位。

（二）佩戴自救器逃生

作业人员入井时，必须戴好安全帽，并随身携带自救器和矿灯。每次领取自救器时，都要仔细检查自救器的封锁装置等是否完好，外壳有没有损坏。若发现自救器有安全隐患，应及时更换。在携带自救器过程中，一定要倍加爱护，不得人为破坏，更不能无故打开自救器。若发生灾难事故时，应保持冷静，不能慌张，撤离灾区的同时应迅速按正确的方法佩戴好自救器。

自救器的
操作步骤

（三）创伤急救

如果当发现被救出的人身上有外伤时，应立即把伤员抬到安全的地点，并尽快脱掉（或剪开）伤员身上的衣服进行伤口止血，用绷带包扎时切不可用脏布包扎；不可以用水清洗伤口里的煤渣，包扎时应避免用手直接触及伤口。

第二节　煤矿井下安全避险"六大系统"

煤矿井下安全避险"六大系统"是指监测监控系统、人员定位系统、紧急避险系统、压风自救系统、供水施救系统和通信联络系统。

为提高矿山安全生产保障能力，国家强制要求全国煤矿及非煤矿山都必须建立和完善"六大系统"。"六大系统"将对保障矿山安全生产发挥重大作用，为地下矿山安全生产提供良好的条件。

（一）监测监控系统

监测监控系统的功能：一是"测"，即监测各种环境安全参数、设备工况参数、过程控制参数等；二是"控"，即根据监测参数去控制安全装置、报警装置、生产设备、执行机构等。

煤矿企业必须按照《煤矿安全监控系统及检测仪器使用管理规范》（AQ 1029—2019）的要求，建设完善监测监控系统，实现对煤矿井下甲烷和一氧化碳浓度、温度、风速等的动态监控，为煤矿安全管理提供决策依据。监测监控系统地面中心站执行 24 h 值班制度，当系统发出报警、断电、馈电异常信息时，能够迅速采取断电、撤人、停工等应急处置措施，充分发挥系统的安全避险预警作用。

（二）人员定位系统

人员定位系统是集井下人员考勤、跟踪定位、灾后急救、日常管理等于一体的综合性运用系统，集合了国内识别技术、传输技术、软件技术等最顶尖的产品和技术,是目前国内技术最先进、运行最稳定、设计最专业化的井下人员定位系统。

人员定位系统是通过对所有入井人员携带的识别卡(或具备定位功能的无线通信设备)的识别读取,能够及时、准确地将井下各个区域的人员动态情况反映到地面计算机系统,使管理人员能够随时掌握井下人员分布的状况和运行轨迹,以便进行更加合理的调度管理。当事故发生时,救援人员也可以根据人员定位系统所提供的数据、图形,迅速掌握有关人员的位置情况,及时采取相应的救援措施,提高应急救援的工作效率。

(三) 紧急避险系统

紧急避险系统的设施有自救器、救生舱、避难所、防透水型固定式避难所等。

煤矿企业必须按照《煤矿安全规程》的要求,为入井人员配备额定防护时间不低于 30 min 的自救器。突出矿井必须建设采区避难硐室,突出煤层的掘进巷道长度及采煤工作面推进长度超过 500 m 时,应当在距离工作面 500 m 范围内建设临时避难硐室或其他临时避险设施。其他矿井应当建设采区避难硐室,或者在距离采掘工作面 1 000 m 范围内建设临时避难硐室或其他临时避险设施。

(四) 压风自救系统

压风自救系统是能够在灾变期间给所有采掘作业地点提供压风供气,为事故现场人员提供宝贵氧气的系统。空气压缩机一般设置在地面。但是对于深部多水平开采的矿井,空气压缩机安装在地面难以保证对井下作业地点进行有效供风时,可在其供风水平以上两个水平的进风井井底车场,选择一个安全可靠的位置安装空气压缩机。突出矿井的采掘工作面要设置压风自救装置,其他矿井掘进工作面要安设压风管路并设置供气阀门。

(五) 供水施救系统

供水施救系统是指为了满足发生火灾、爆炸等事故现场人员的用水需要而设置的供水系统。

系统管道铺设线路:矿井地面蓄水池→井筒→井底车场→水平运输大巷→采区上(下)山→区段集中巷→区段斜巷→工作面两巷。

所有采掘工作面和其他人员较集中的地点、井下各作业地点及避难硐室(场所)处设置供水阀门,保证各采掘作业地点在灾变期间能够实现应急供水。系统应按照《煤矿安全规程》要求设置三通及阀门。

(六) 通信联络系统

为了更好地进行煤矿生产,井下一般都有电话通信系统。在主副井绞车房、井底车场、运输调度室、采区变电所、水泵房等主要机电设备硐室和采掘工作面以及采区、水平最高点等地方都装有防爆电话机。通过电话联络,可以随时掌握井下及地面生产情况。当矿井发生灾变时,电话机又是指挥救灾的必需设施。

井下避难硐室、井下主要水泵房、井下中央变电所和突出煤层采掘工作面、爆破时撤离人员集中地点等,必须设有直通矿调度室的电话。要积极推广使用井下无线通信系统、井下广播系统,完善通信联络系统。发生险情时,系统能够及时通知井下人员撤离。

第三节　瓦斯灾害防治及现场应急处置

一、矿井瓦斯与突出矿井

(一) 矿井瓦斯

矿井瓦斯是指矿井中以甲烷为主要成分的由煤层气构成的有害气体的总称。有时单独指甲烷,甲烷(CH_4)是一种无色、无味的气体,相对密度(空气＝1)为 0.555,常积聚于巷道的顶部、独头上山巷道或冒落的高顶处。瓦斯的扩散能力是空气的 1.6 倍,难溶于水,达到一定浓度时,使人因缺氧而窒息,能发生燃烧或爆炸。

（二）矿井瓦斯等级

矿井瓦斯等级可分为低瓦斯矿井、高瓦斯矿井和突出矿井。

瓦斯等级

二、瓦斯爆炸及其预防

（一）瓦斯爆炸的条件

瓦斯爆炸的条件包括一定的瓦斯浓度、点燃瓦斯的最低温度和足够的氧气浓度。

（二）预防瓦斯爆炸的措施

瓦斯爆炸及其预防

1. 防止瓦斯积聚的措施

井下采掘工作面及其他地点,体积大于 0.5 m^3 的空间内瓦斯浓度达到或超过 2% 的现象就是瓦斯积聚,瓦斯积聚是造成瓦斯爆炸的根源。

（1）防止和消除巷道顶板附近瓦斯层状积聚的主要方法是增加巷道内的风速、封闭隔绝瓦斯源等。

（2）对顶板冒落空硐积聚瓦斯的处理方法是充填空硐法和风流吹散法。

（3）对长期停掘的巷道,在其巷道口应构筑密闭墙。

（4）对采煤工作面回风隅角处瓦斯积聚的处理可采用挂风障引风法、风筒导排法、压风排除法和充填置换法。

2. 防止瓦斯引燃的措施

引燃瓦斯的火源有明火、爆破、电火花及摩擦火花等。对于生产中可能发生的热源必须严加管理和控制,限制其引燃瓦斯的能力或防止其引燃瓦斯。

消除引燃火源的措施包括加强明火管制、严格执行爆破制度、防止电气火花、防止静电火花以及严防机械摩擦和撞击火花等。

3. 限制瓦斯爆炸范围扩大的措施

(1) 通风系统力求简单。

(2) 实行分区通风。

(3) 在装有主要通风机的出风井口应安装防爆门,用于防止发生爆炸时通风机被毁,造成救灾和恢复生产困难。

(4) 开采有煤尘瓦斯爆炸危险的矿井,在矿井两翼、相邻采区、相邻煤层和相邻的工作面,都必须用岩粉棚或水棚隔开,在所有运输巷道和回风巷道中也必须撒布岩粉。

(5) 矿井每年度必须由该矿技术负责人组织编制矿井灾害预防和处理计划。

三、煤与瓦斯突出及其预防

(一) 煤与瓦斯突出的危害

大量煤与瓦斯在短时间内向采掘空间突然冲击,使煤流或岩石流大量抛出堵塞巷道,造成风流逆转,破坏井下设施、设备和通风系统,更严重的是掩埋井下作业人员造成死亡事故。同时,井巷中充满的高浓度瓦斯也会引起人员缺氧窒息造成死亡。当突出瓦斯与新鲜风流混合,遇到火源,还可能产生燃烧或爆炸使事故扩大,危害十分严重。

(二) 煤与瓦斯突出的预兆

1. 无声预兆

无声预兆包括:工作面顶板压力增大,支架变形、煤壁外鼓、片帮、顶板掉渣、下沉或底板鼓起,煤层层理紊乱,煤暗淡无光泽,煤质变软,瓦斯涌出量出现异常或忽大忽小,煤壁发凉,温度下降,打钻卡钻、装药顶药、喷出瓦斯等现象。

2. 有声预兆

煤层在变形过程中出现劈裂声、闷雷声、机枪声等煤炮声,声音由远到近、由小到大,有连续的,也有短暂的,间隔时间长短不一致,煤壁也可能发生震动和冲击,可能伴随着顶板来压、支架发出断裂声。

(三)"四位一体"综合防突措施

1. 突出危险性预测

通过对煤层地质构造和一些突出的技术指标的测定,对开采区域和采掘作业地点的突出危险性进行预测,若经预测有突出危险性,则应采取相应的防突技术措施。

2. 防突措施

区域性防突措施主要有预抽煤层瓦斯和开采保护层等。采掘工作面的防突措施有工作面超前钻孔、深孔松动爆破、松动爆破和浅孔注水等。

3. 防突效果检验

采取防突措施后,再通过一些技术指标的测定,对防突措施的效果进行检验,若措施有效,则可进行作业,否则还应继续采取防突措施,直至消除突出危险性后,方可作业。

4. 安全防护措施

安全防护措施是指突出发生后,预防人员伤亡的最后一道防线,必须严格执行。安全防护措施和设施包括石门揭穿煤层时的震动爆破,采掘工作面的远距离爆破,挡栏设施、反风风门、井下避难硐室和压风自救系统,以及佩戴隔离式自救器等。

四、煤与瓦斯突出现场应急处置

煤与瓦斯突出事故发生后应采取现场应急处置措施。

煤与瓦斯突出
现场应急处置

第四节 矿尘防治及现场应急处置

一、矿尘的产生及分类

1. 矿尘的产生

矿尘是指在矿山生产和建设过程中产生的各种煤、岩微粒的总称。作业场所空气中粉尘的化学组成成分及其在空气中的浓度是直接决定其对人体危害性质和严重程度的重要因素。

2. 矿尘的分类

(1) 矿尘按其成分的不同可分为煤尘和岩尘。

(2) 按矿尘粒度范围的不同可分为全尘和呼吸性粉尘。

(3) 按有无爆炸性的不同可分为有爆炸性矿尘和无爆炸性矿尘。

(4) 按粒径大小的不同可分为粗尘、细尘、微尘和超微尘。

(5) 按矿尘存在状态的不同可分为浮游粉尘和沉积粉尘。

二、矿尘的危害

(1) 降低作业场所的能见度,恶化作业环境,影响矿井安全生产。

(2) 加速机械的磨损,缩短仪器使用寿命,增加生产成本。

(3) 粉尘通过呼吸道进入人体,长期接触,使人患尘肺病。

(4) 有爆炸性的煤尘还会引起爆炸造成人员死亡。

三、煤尘爆炸的条件及防治措施

(一) 煤尘爆炸的条件

1. 煤尘本身具有爆炸危险性

煤尘本身具有爆炸危险性,这是发生煤尘爆炸的最基本条件。

2. 悬浮在空气中的煤尘达到一定浓度

（1）煤尘爆炸下限浓度一般为 45 g/m³。

（2）煤尘爆炸上限浓度为 1 500～2 000 g/m³。

（3）煤尘爆炸威力最强时浓度为 300～400 g/m³。

3. 存在高温引爆热源

煤尘爆炸的点火温度一般在 610～1 050 ℃ 之间，多数为 700～800 ℃。引爆热源温度越高，煤尘爆炸强度就越大。

4. 氧气含量不低于 18%

空气中氧气含量高时，点燃煤尘的温度可以降低；空气中氧气含量低时，点燃煤尘则较为困难。一般情况下，当氧气含量低于 18% 时，煤尘就不再爆炸。

煤尘爆炸必须同时具备以上 4 个条件，缺少任何一个条件都不可能造成煤尘爆炸。

如果在矿井空气中有瓦斯和煤尘同时存在，将会相互降低两者的爆炸下限，从而增加瓦斯和煤尘爆炸的危险性。

（二）煤尘爆炸的防治措施

预防煤尘爆炸的技术措施主要包括减尘、降尘措施，防止煤尘引燃的措施及隔绝煤尘爆炸的措施三方面。

1. 减尘、降尘措施

（1）煤层注水。按国内外注水状况，分为短孔注水、深孔注水、长孔注水、巷道钻孔注水、动压注水等。

（2）湿式作业。我国煤矿较成熟的经验是采取以湿式凿岩为主，配合喷雾洒水、水封爆破和水炮泥等的防尘技术措施。

（3）通风除尘。通过风流的流动将井下作业点的悬浮矿尘带出，降低作业场所的矿尘浓度。

（4）净化风流。包括水幕净化风流、湿式除尘装置净化风流等。

2. 防止煤尘引燃的措施

(1) 严禁携带烟草和点火工具入井。

(2) 在有煤尘爆炸的矿井中,必须使用安全炸药。

(3) 井下使用的机械和电气设备,必须符合《煤矿安全规程》要求。

(4) 防止机械、摩擦、撞击火化产生。

3. 隔绝煤尘爆炸的措施

(1) 清除落煤。

(2) 撒布岩粉。

(3) 设置水棚、水槽。

(4) 设置岩粉棚。

(5) 设置自动隔爆棚。

四、瓦斯、煤尘爆炸现场应急处置

瓦斯、煤尘爆炸时,会产生巨大的声响、高温有毒气体、炽热的火焰、强烈的冲击波,应采取现场处置措施。

瓦斯、煤尘爆炸
现场应急处置

第五节　矿井火灾防治及现场应急处置

凡是发生在煤矿井下或地面井口附近,能够危害矿井安全生产的火灾称为矿井火灾。

一、矿井火灾的产生条件、分类

(一) 矿井火灾的产生条件

矿井火灾的产生条件包括可燃物、引火源和氧气,三个条件缺少任何一个将不可能发生火灾。

（二）矿井火灾的分类

根据引起矿井火灾的火源不同,把矿井火灾分为外因火灾和内因火灾两类。

1. 外因火灾

外因火灾是指由外部火源引起的火灾。

2. 内因火灾

内因火灾又称自燃火灾,是指由于煤炭自身氧化积热、发生燃烧引起的火灾。

二、矿井外因火灾发生的原因及预防措施

（一）矿井外因火灾发生的原因

矿井外因火灾主要是由以下原因引起的:

（1）存在明火;

（2）出现电火花;

（3）违章爆破;

（4）瓦斯、煤尘爆炸;

（5）机械摩擦及物体碰撞。

（二）矿井外因火灾的预防措施

矿井外因火灾的预防主要从两个方面进行:一是防止失控的高温热源;二是尽量采用不燃性或耐燃性材料支护,同时还要防止可燃物的大量积存。

预防外因火灾的关键措施是严格遵守《煤矿安全规程》的有关规定,及时发现,及时扑灭。

及时发现外因火灾初起的方法如下:

（1）标志气体。及时发现外因火灾要根据燃烧放出来的气体产物、火焰和红外光等作出判断,一般情况下是采用一氧化碳气体作为发生火灾的标志气体。

（2）温升变色涂料。温升变色涂料是早期发现发热的指示

剂,利用温升变色涂料的特性,将其涂敷在电机或机械设备的外壳和容易发热的部位,根据涂料颜色的变化可以及时发现外因火灾初起时的现象,采取有效措施及时处理。

(3)火灾检测器。利用感温、感烟等火灾检测器及时发现外因火灾初起时产生的温升、烟雾、烟尘、气体等,并进行报警,同时启动灭火装置,及时将火扑灭。

三、煤炭自燃及预防措施

破碎的煤炭及采空区中的遗煤接触空气后,氧化生热,当热量积聚、煤温升高超过临界温度值时,最终导致着火,这种现象称为煤炭自燃。

(一)煤炭自燃的条件

煤炭自燃是一个相当复杂的过程,它必须具备一定的条件才能发生。煤炭发生自燃必须具备以下四个条件:

(1)具有自燃倾向性的煤炭呈破碎堆积状态(即在常温下有较高的氧化活性)。

(2)有连续的通风供氧条件,维持煤炭氧化过程的发展。

(3)积聚氧化生成热量,使煤的温度升高。

(4)上述三个条件同时具备时,还应大于煤的自然发火期。

(二)煤炭自燃的过程

煤炭自燃大体上可以划分为三个主要阶段:准备期、自热期、燃烧期。

(1)准备期。准备期又称潜伏期,是指有自燃倾向的煤炭与空气接触后,开始吸附空气中的氧而形成不稳定氧化物的过程。

(2)自热期。准备期后,煤氧化的速度就会加快,不稳定的氧化物便分解成水、二氧化碳和一氧化碳。

(3)燃烧期。当煤温达到着火温度后煤炭就燃烧起来,煤炭进入燃烧期就出现了一般的着火现象。

（三）煤炭自燃的征兆

（1）煤炭氧化自燃初期生成水分，往往会使巷道内湿度增加，出现雾气和水珠。

（2）煤炭从自热到自燃过程中，由于氧化产物内有多种碳氢化合物，会产生煤油味、汽油味、松节油味或煤焦油味。

（3）煤炭汽化过程中要放出热量，因此该处的煤壁和空气的温度较正常时要高一些。

（4）煤炭氧化自燃过程中，由于要释放有害气体，因此人们会感觉头痛、闷热、精神不振、不舒服、有疲劳感等。

（四）煤炭自燃火灾的预防

1. 合理的开拓开采及通风系统

（1）开采自然发火严重的厚煤层或近距离煤层群时，应该将运输大巷、回风大巷、集中运输平巷和集中回风平巷等服务时间较长的巷道布置在煤层底板的岩石中。

（2）厚煤层分层开采的区段巷道应该垂直布置，上下区段巷道采用分掘的方法。尽量推行长壁式采煤方法，采用综合机械化采煤、全部陷落法管理顶板，并推广无煤柱开采。

（3）矿井通风网路结构简单，通风设施布置合理，主要通风机与风网匹配，通风压力分布适宜。

（4）矿井通风方式以中央分列式或两翼对角式为宜，采区应采用分区通风。

（5）主要通风机运行的工况点位于高效区内，风门、风墙及调节风窗（门）在风路中应安设在使其前方压力升高而后方压力降低的地方。

2. 防止漏风

防火对通风的要求是风流稳定、漏风量少和通风网路中有关区段易于隔绝。通常只能根据矿井的实际情况，尽量减少漏风。通风网路中产生漏风的条件是有漏风通道存在，且在此通道的两端存在风压差,风压差可由相邻巷道的通风阻力得出。有自然发火危险的采煤工作面回采结束后,必须在 45 d 内进行永久性封闭。

3. 煤炭自燃的预测预警

设置一氧化碳传感器用于煤炭自然发火预测;煤炭自然发火可根据每天一氧化碳浓度的平均值的增量来预测,若其增量为正,则具有自然发火的可能。

4. 预防性灌浆

预防性灌浆是将水、浆材按适当的比例进行混合,制成一定浓度的浆液,借助输浆管路将其输送到可能发生自燃的区域,以防止自燃火灾发生。

5. 阻化剂防火

阻化剂是一些吸水性很强的无机盐,这些盐类附着在煤炭颗粒表面上时,能够吸收空气中的水分,在煤的表面形成含水液膜,从而阻止煤、氧接触,起到隔绝氧气、阻止其发生氧化的作用。

6. 胶体材料防火

(1) 凝胶防火技术。通过压注系统将基料(水玻璃)和促凝剂(铵盐)按一定的比例与水混合,再注入煤体中凝结固化,可起到堵漏和防火的作用。

(2) 胶体泥浆(或粉煤灰胶体)防灭火技术。利用基料、促凝剂的胶凝作用,以黄土(或粉煤灰)作增强剂,增加胶体的强度,提高其耐温性和延长有效期。

7. 惰性气体防灭火

惰性气体防灭火就是将不助燃同时也不能燃烧的惰性气体,注入已封闭的或有自燃危险的区域,降低区域内氧气的浓度,从而使火区因氧含量不足而逐渐熄灭。

8. 均压防灭火技术

均压是通过降低漏风通道两端的风压差,削减漏风动力源来达到减少漏风的目的,主要用于煤层自然火灾预防、封闭火区等。常用的均压技术措施有调压气室辅以连通管、风门辅以主调压风机以及改变风流流动路线等三种。其中改变风流流动路线均压法应用较多。

四、矿井灭火方法

(1) 直接灭火法;

(2) 隔绝灭火法;

(3) 综合灭火法。

矿井灭火方法

五、矿井火灾事故现场应急处置

(一) 发生火灾事故时现场应急处置

(1) 及时扑灭初始火灾;

(2) 迅速撤离火灾现场;

(3) 妥善避灾,等待救援;

(4) 局部控制风流,减轻灾情。

(二) 灭火时的注意事项

(1) 扑灭电气火灾;

(2) 隔绝灭火;

(3) 掘进巷道火灾的处理;

(4) 硐室火灾的预防和处理;

(5) 采煤工作面火灾的处理。

矿井火灾事故
现场应急处置

第六节 矿井水灾防治及现场应急处置

在矿井生产与建设过程中,地面水或地下水都可能通过各种通道流入矿井中,当涌水量超过了矿井的正常排水能力时,造成矿井水泛滥成灾的现象,叫矿井水灾。

一、矿井水源及透水条件

(一) 矿井水源

矿井水源可分为地面水源与地下水源。

(1) 地面水源,主要是大气降水与地表水。

(2) 地下水源,主要是含水层水、断层水和老空水。

(二) 透水条件

造成矿井水灾必须同时具备三个基本条件:矿井水源、涌水通道和充水强度。

二、矿井透水预兆

采掘工作面发生透水前一般会有一些征兆。常见的征兆有煤层变湿、挂红、挂汗、空气变冷、出现雾气、水叫、顶板来压、片帮、淋水加大、底板鼓起或裂隙、渗水、钻孔喷水、煤壁溃水、水色发浑、有臭味等。

《煤矿安全规程》规定,出现透水征兆时,应当立即停止作业,报告矿调度室,并发出警报,撤出所有受水威胁地点的人员。在原因未查清、隐患未排除之前,不得进行任何采掘活动。

三、水害防治原则

煤矿防治水工作应当坚持"预测预报,有疑必探,先探后掘,先治后采"的十六字原则。

四、水害防治综合措施

《煤矿防治水细则》要求:煤矿防治水工作要根据不同水文地质条件,采取探、防、堵、疏、排、截、监等综合防治措施。

1. 探水

"探"主要是指采用超前勘探方法,查明采掘工作面周围水体的具体位置和贮存状态等情况。这是为有效地防治矿井水害做好必要的准备,其在水害防治措施中居核心地位和起先导作用。

2. 防水

"防"主要指合理留设各类防隔水煤(岩)柱和修建各类防水闸门或防水闸墙等,防隔水煤(岩)柱一旦确定后,不得随意开采破坏。

3. 堵水

"堵"主要指注浆封堵具有突水威胁的含水层或导水断层、裂隙和陷落柱等导水通道。

4. 疏水

"疏"主要指探放老空水和对承压含水层进行疏水降压。

5. 排水

"排"主要指完善矿井排水系统,排水管路、水泵、水仓和供电系统等必须配套。

6. 截水

"截"主要指加强地表水(河流、水库、洪水等)的截流治理。

7. 监测

"监"主要指建立矿井地下水动态监测系统,必要时建立突水监测预警系统,及时掌握地下水的动态变化。

五、矿井水灾事故现场应急处置

矿井水灾事故
现场应急处置

第七节　顶板灾害防治及现场应急处置

顶板事故是指在井下生产过程中,顶板意外冒落造成的人员伤亡、设备损坏、生产中止等事故。

一、顶板事故的类别及其特点

煤矿顶板事故按地点可以分为采煤工作面顶板事故、掘进工作面顶板事故以及其他地点顶板事故。

(一) 采煤工作面顶板事故

采煤工作面顶板事故按照冒顶范围和严重程度可分为局部冒顶和大范围冒顶。按发生冒顶事故的力学原因进行分类,可将煤层顶板事故分为压垮型冒顶、漏垮型冒顶和推垮型冒顶三类。

在实际煤矿生产过程中,局部冒顶事故的次数远远多于大型冒顶事故,约占采煤工作面冒顶事故的70%,总的危害比较大。

大型冒顶是指范围较大、伤亡人数较多的冒顶,包括基本顶来压时的压垮型冒顶、厚层难冒顶板大面积冒顶、直接顶导致的压垮型冒顶、大面积漏垮型冒顶、复合顶板推垮型冒顶及冲击推垮型冒顶等。

(二) 掘进工作面顶板事故

巷道顶板事故多发生在掘进工作面、巷道交叉口及巷道贯通处,巷道顶板事故80%以上是发生在这些地点。发生这些事故的主要原因有空顶作业,未及时支护,支护形式、结构不合理,违章爆破作业或遇地质变化等。

(三) 其他地点的顶板事故

这些顶板事故大多发生在井巷工程质量差、未及时检查发觉隐患或维修巷道时措施不当处。

二、顶板冒落的预兆

顶板冒落的预兆包括：① 响声；② 片帮；③ 掉渣；④ 裂缝；⑤ 脱层(离层)；⑥ 漏顶；⑦ 有淋水的顶板，淋水量增加；⑧ 有瓦斯的顶板，瓦斯涌出量突然增大。

顶板冒落的
预兆

三、顶板事故防治

(1) 充分掌握顶板压力分布及来压规律。采煤工作面冒顶事故大都发生在直接顶初次垮落、基本顶初次来压和周期来压过程中。只有充分掌握压力分布及来压规律，采取有效的支护措施才能防止冒顶事故发生。

(2) 采取有效的支护措施。根据顶板特性及压力情况采取合理、有效的支护措施来控制顶板，防止冒顶。如果工作面压力太大，支架难以承受时，还可采用特殊支架共同支护顶板。综采工作面要严格控制采高，及时移架控制好裸露顶板。掘进工作面要坚持使用前探梁支护。爆破前要加固支架，防止爆破崩倒支架引起顶板事故。

(3) 及时处理局部冒顶，以免引起大型冒顶事故。

(4) 坚持"敲帮问顶"制度。在进入工作面作业前，要敲帮问顶。

(5) 采用探板法、撞楔法和绕道法等处理采煤工作面冒顶。

(6) 在破碎带或斜巷掘进时，采取缩小支架间距、控制控顶距、用拉撑件联结支架、顶帮背实等预防冒顶的措施。

(7) 严格按照作业规程作业。

四、顶板事故的现场应急处置

（1）迅速撤离；

（2）及时躲避；

（3）立即求救；

（4）配合营救。

顶板事故的现场
应急处置

第八节　机电运输事故防治及现场应急处置

一、机电事故及其防治

机电事故是指由于机电设备出现故障或人员违章操作而引发的长时间停电、设备烧毁、人身触电等事故。

（一）触电事故及其预防

1. 触电事故

触电事故是人体触及带电体或接近高压带电体时，由于电流通过人体而造成的人身伤害事故。其主要伤害表现为电击和电伤。

2. 预防措施

触电事故的
预防措施

（二）电气设备失爆的预防措施

1. 电气设备失爆的危害

电气设备运行过程中产生的火花、电弧等都有引燃、引爆瓦斯、煤尘的可能,造成矿井瓦斯、煤尘爆炸。

2. 电气设备失爆的预防措施

电气设备失爆
的预防措施

二、提升运输事故及其防治

提升运输事故是指在提升运输系统中由于作业人员违章作业、设备故障、管理不善等原因造成的各类事故。

(一)刮板输送机伤害事故及其预防

1. 刮板输送机伤害事故的类型

常见的刮板输送机伤害事故有刮板链打伤事故、转动部分绞伤事故、机尾翘起砸伤事故、挤伤或撞伤事故以及电火花导致瓦斯、煤尘爆炸事故等。

2. 刮板输送机伤害事故的预防措施

刮板输送机伤害
事故的预防措施

(二)斜巷绞车运输事故及其预防

1. 斜巷绞车运输事故的类型

常见斜巷绞车运输事故类型有违章放飞车造成跑车事故、断绳跑车事故、带电维修伤害事故、违章跟车扒车事故等。

2. 斜巷绞车运输事故的预防措施

（1）斜井绞车司机要经过培训，考核合格后持证上岗。

（2）绞车等设备完好，并管理到位。

（3）按规定设置和使用防护装置。

（4）使用合格的连接装置和保险绳。

（5）严格执行"行人不行车，行车不行人"的规定。

（6）严禁多挂车或超载、超速运行等违章行为。

（7）严禁扒车或违章跟车等违章行为。

（三）人力推车伤害事故及其预防

《煤矿安全规程》对人力推车的规定：

（1）1次只准推1辆车。严禁在矿车两侧推车。同向推车的间距，在轨道坡度小于或者等于 5‰时，不得小于 10 m；坡度大于 5‰时，不得小于 30 m。

（2）推车时必须时刻注意前方。在开始推车、停车、掉道、发现前方有人或者有障碍物，从坡度较大的地方向下推车以及接近道岔、弯道、巷道口、风口、硐室出口时，推车人必须及时发出警号。

（3）严禁放飞车和在巷道坡度大于 7‰时人力推车。

（4）不得在能自动滑行的坡道上停放车辆，确需停放时必须用可靠的制动器或者阻车器将车辆稳住。

（四）罐笼提升事故及其防治

1. 罐笼提升事故类型

罐笼提升事故主要包括罐笼脱轨、过卷、卡罐、断绳、蹾罐等造成人员伤亡、财产损失的事故。

2. 罐笼事故预防措施

（1）罐笼应设计合理，符合技术规范要求。

（2）罐笼每层内一次能容纳的人数应明确规定。超过规定人数时,把钩工必须制止。

(3) 立井使用罐笼提升时,井口、井底和中间运输巷的安全门必须与罐位和提升信号联锁。

(4) 井口、井底和中间运输巷都应设置摇台,并与罐笼停止位置、阻车器和提升信号系统联锁。

(5) 用多层罐笼升降人员或物料时,井上、下各层出车平台都必须设有信号工。

(6) 严禁在同一层罐笼内人员和物料混合提升。

(7) 严禁超载运行。

三、机电运输事故现场应急处置

(1) 现场应急处置应遵循的原则;

(2) 事故发生后的应急处置。

机电运输事故
现场应急处置

第九节　煤矿热害防治及现场应急处置

一、煤矿热害基本知识

随着矿井开采深度加大,矿井高温问题愈发显著,热害已逐渐成为与瓦斯、煤尘、顶板、水害、火灾一样需要重点防治的矿井自然灾害。

(一) 煤矿热害及其分类

当井下温湿度达到一定程度,不仅影响工人身体健康,还会造成劳动生产率降低、操作失误率增加、工人体能消耗增大等问题,严重影响生产安全,甚至造成停产。这种灾害称为矿井热害。

常见的热害类型有:正常地热增温型、热水地热异常型、岩温地热异常型和碳硫化物氧化热型等。

(二) 煤矿热害的危害

高温高湿的环境会加速机械设备老化,增加电气设备故障率。

热害对作业人员有心理上的影响,会加剧其不安全行为的发生,从而直接影响安全生产。

在高温高湿的井下环境中劳动时,人体的热平衡及体温调节功能被严重破坏,因此影响人体健康,出现感觉不适、烦躁、疲倦、恶心、循环失常甚至昏倒的情况,严重的热衰竭、中暑还会导致直接死亡。长时间在高温的环境下作业,人体神经系统、供血系统、消化系统、体温调节功能等都会受到严重影响。大量出汗,易造成心脏、肾脏、皮肤病变。

（三）煤矿高温热害的成因

煤矿井下温度主要受地表温度及气候、井巷围岩导热、煤矿风流温度、机电设备放热、煤及矸石放热、热水导热、井下作业人员放热影响。

煤矿高温热害
的成因

二、煤矿热害预防措施

目前国内常见的煤矿热害防治预防措施有:

（一）合理通风

按照矿井地质条件、开拓方式等选择进风风路最短的通风系统,减少风流沿途吸热,降低风流温升。增加风量、提高风速,风流带走的热量随之增加,可使气温明显下降。可采用下行风,以降低采煤工作面的温度。

对于发热量大、温度较高的机电硐室,设计独立的回风路线,直接把机电设备所产生热量导入采区的回风流中。

在矿井气温异常高的地点使用小型局部通风机,加大该地点风速来降低温度;或使用水力引射器或压缩空气引射器,向风流中喷洒冷水也可降低气温,且水温越低效果越好。

（二）机械降温

矿井机械降温系统一般分为冰冷降温系统和空调制冷降温系统。其中,空调制冷降温系统为水冷却系统。而冰冷降温系统,就是利用地面制冰厂制取的粒状冰或泥状冰,通过风力或水力输送至井下的融冰装置,在融冰装置内,冰与井下空调回水直接换热,使空调回水的温度降低。冰冷降温对深井降温效果明显。

目前,国内外常见的是冷冻水供冷、空气冷却器冷却风流的矿井集中空调系统的基本结构模式,它由制冷、输冷、传冷和排热四个环节组成。个别热害严重的地点也可采用局部移动式空调机组。

(三) 个人防护

有条件的矿井,在温度异常高的工作地点,可配备隔热服、冷却服、冷却帽等进行防护。在闷热的工作环境中,应注意补充淡盐水,预防中暑。

(四) 疏排热水

在有热水涌出的矿井里,应根据具体的情况,采取超前疏干、阻堵、疏导等措施,或者采用水沟加盖板的方式排水,杜绝热水在井巷里漫流。

三、煤矿热害事故应急处置

(1) 当人员出现先兆中暑和中暑初期时,应立即将中暑人员撤离高温环境,转入通风良好的凉爽处休息。

(2) 饮用含盐的饮品(可在携带的饮用水中加入适量食盐),有条件的服用人丹、十滴水、藿香正气水。

(3) 对情况没有好转的人员,应尽快将其送至通风凉爽处,使中暑人员头部高位仰卧,将其衣领解开,外套脱去,以尽快散热。

(4) 对中暑后出现昏迷、高热、抽搐的人员,应先电话通知调度室安排抢救,同时应迅速地为其进行物理降温。先将中暑者置于通风凉爽处,用湿冷毛巾或冰袋(无冰块时可将冰水装于塑料袋中替用)置于头部、腋下和两大腿根部(即腹股沟)等大血管处(用手按触明显搏动处即是),用冷水(或将其浸泡在冷水中)擦拭四肢或全身皮肤,直至皮肤发红,同时可利用风流吹风散热。但应注意上述降温措施不可使用时间过长,以免血管快速收缩影响患者体内散热,一般降温至患者体温下降或清醒即可。降温后对患者肢体进行按摩,可促进血液循环将体内热量带至体表散发。

(5) 如未见好转,应立即将中暑者送回井上,送到医院进行救治。

若中暑者昏迷不醒,可针刺或手掐其人中穴(位于鼻唇沟上的1/3处),或内关穴(腕横纹上 2 寸)以及合谷等处,促使中暑者苏醒。出现呕吐者,应将其头偏向一侧,以免呕吐物呛入气管引起窒息。

第十节　煤矿冲击地压防治及现场应急处置

一、冲击地压概念及特点

(一) 冲击地压的概念

冲击地压通常是指煤矿井巷或工作面周围煤(岩)体,由于弹性变形能的瞬时释放而产生的突然、剧烈破坏的动力现象,常伴有煤(岩)体瞬间位移、巨响和气浪等。冲击地压属于矿井动力现象,是矿山压力的一种特殊显现形式。

(二) 冲击地压的特点

冲击地压具有突发性、瞬时震动性、复杂多样性和破坏性的特点。

冲击地压的特点

二、冲击地压危险性评价

煤岩体具有冲击倾向性,并不表明它一定会发生冲击地压,即使发生冲击地压,每个矿井发生冲击地压的危险程度也不一样。冲击危险性是煤岩体可能发生冲击地压的危险程度,不仅受到矿山地质因素影响,而且受到矿山开采条件的影响。

根据《防治煤矿冲击地压细则》第 10 条的要求,有下列情况之一的,应当进行煤层(岩层)冲击倾向性鉴定:

(1)有强烈震动、瞬间底(帮)鼓、煤岩弹射等动力现象的。

(2)埋深超过 400 m 的煤层,且煤层上方 100 m 范围内存在单层厚度超过 10 m、单轴抗压强度大于 60 MPa 的坚硬岩层。

(3)相邻矿井开采的同一煤层发生过冲击地压或经鉴定为冲击地压煤层的。

(4)冲击地压矿井开采新水平、新煤层。

开采具有冲击倾向性的煤层,必须进行冲击地压危险性评价。煤矿企业应当将评价结果报省级煤炭行业管理部门、煤矿安全监管部门和煤矿安全监察机构。

煤矿开采的不同阶段,对冲击地压危险性进行评价的方法也不同。

三、冲击地压预测技术

冲击地压预测技术是预测矿井开采、掘进范围内有无冲击地压危险的重要检测手段,是冲击地压防治工作的重要组成部分,对及时采取区域性预防措施和局部解危措施非常重要。

冲击地压的预测方法有多种,除了常用的经验类比法以外,其他的可以分为以下两大类型:

第一类是根据采矿地质条件确定冲击地压危险性的局部预测法,包括综合指数法、数值模拟分析法、钻屑法等。

第二类是借鉴地震预报学的地球物理法,包括微震法、声发射法、电磁辐射法、震动法和重力法等。这些方法可以较准确预报冲击地压可能发生的位置,较准确地确定冲击地压发生的强度和震动释放能量的大小。但这些方法由于操作难度大和设备昂贵,多用于科研实验,尚未广泛应用于生产实践。

四、冲击地压防治技术

目前国内采用的冲击地压防治方法主要包括合理的开采布置、保护层开采、煤层松动爆破和煤层预注水等。对于已具有冲击危险性的煤岩层,采用的控制方法有煤层卸载爆破、钻孔卸压、煤层切槽、底板定向切槽和顶板定向断裂等。这些方法在我国均有较广泛的应用。

(一) 震动爆破

震动爆破是一种特殊的爆破,与破岩爆破和落煤爆破不同。震动爆破的主要任务是引爆炸药后,形成强烈冲击波,使得岩(煤)体发生震动,达到震动卸压或者将高应力集中区转移到煤体深处,形成松动带的目的。

(二) 煤层注水

煤层注水防治冲击地压的方法简易、价廉、适应性广,同时具有降尘、降温及软化煤层功用,一举数得,可以作为冲击地压防治的首选措施。

需要注意的是,含水率和注水时间并不成正比。煤层注水在工程上有三种布置方式,即与采面煤壁垂直的短钻孔注水法、与采面煤壁平行的长钻孔注水法和联合注水法。

(三) 钻孔卸压

采用煤体钻机适当钻孔可释放煤体中积聚的弹性势能,即钻孔卸压。

钻孔卸压技术是指在煤岩体应力集中区或可能形成的应力集中区域实施直径大于 95 mm 的钻孔。通过排出钻孔周围破裂区煤体和钻孔冲击所产生的大量煤粉,使钻孔周围煤体破碎区增大,从而使钻孔周围一定区域内煤岩体的应力集中程度下降,或者使高应力转移到煤岩体的深处或远离高应力区,实现对局部煤岩体进行解危的目的,或起到预卸压的作用。

五、冲击地压安全防护措施

安全防护措施是综合防治冲击地压技术措施的最后一道屏障。在不能根除冲击地压危险的情况下，为确保井下工人的人身安全和矿井的安全生产，必须研究落实安全防护措施。

（一）个体防护措施

《防治煤矿冲击地压细则》第 76 条规定，人员进入冲击地压危险区域时必须严格执行"人员准入制度"。准入制度必须明确规定人员进入的时间、区域和人数，井下现场设立管理站。

安全防护措施可分为两部分：一是尽量减少工作人员在冲击地压危险区域的逗留时间，主要措施是远距离爆破、震动性爆破等。进入防冲区域的所有人员必须按规定佩戴防冲帽、防冲背心、隔离式自救器等特殊的个体防护装备。

（二）机电设备防护措施

当有冲击地压危险的采掘工作面发生冲击地压时，为了避免工作面内设备及物料的损坏，降低工作面内设备及物料的损坏程度，必须采取积极主动的措施：第一，供电、供液等设备应放置在采动应力集中影响区外，减少因震动或受到抛出的煤岩块的冲击致使设备受损；第二，危险区域内的其他设备、管线、物品等应采取固定措施。

（三）巷道及采面出口安全支护措施

冲击地压危险区域的巷道及采面出口必须加强支护，冲击地压发生时可以减少其破坏程度。巷道支护可以改为 U 型钢可缩支架，冲击地压发生后支架连接处滑动收缩，使巷道保持一定的断面，不被摧垮，为人员脱险和恢复生产提供保证。

（四）压风自救系统及避灾路线

《防治煤矿冲击地压细则》要求，有冲击地压危险的采掘工作面必须设置压风自救系统。应当在距采掘工作面 25～40 m 的巷道内、爆破地点、撤离人员与警戒人员所在位置、回风巷有人作业处等地点,至少设置 1 组压风自救装置。压风自救系统管路可以采用耐压胶管,每 10～15 m 预留 0.5～1.0 m 的延展长度。

冲击地压矿井的采掘工作面按规定要求必须标明,发生冲击地压时,受到威胁的工作人员按照某种指示路线,撤离到安全地点,这条路线称之为冲击地压危险的避灾路线。

六、冲击地压事故现场应急处置

处置措施同冒顶处置措施。

冲击地压事故
现场应急处置

本章练习题

一、判断题

1. 矿井监测监控系统中心站实行 24 小时值班制度。( )

2. 井下紧急避险系统包括临时避难硐室、永久避难硐室和救生舱。( )

3. 井下要认真执行"谁停电、谁送电"的停送电制度。( )

4. 煤矿井下 36 V 以上的电气设备必须有良好的保护接地。( )

5. 井下非专职人员只有在电工指导下才能操作电气设备。( )

6. 消防用水同生产、生活用水不可共用同一水池。( )

7. 进风井必须装设防火铁门,防火铁门必须严密并易于关闭,打开时不妨碍提升、运输和人员通行。( )

8. 火灾构成要素包括可燃物、热源和空气三个方面。( )

9. 煤层自然发火形成的火灾属于内因火灾。( )

10. 变质程度低的煤尘爆炸性弱。( )

11. 皮渣和黏块是区别和判断瓦斯爆炸、煤尘爆炸的主要依据之一。(　)

12. 瓦斯和煤尘同时存在时,瓦斯浓度越高,煤尘爆炸下限越低。(　)

13. 冲击地压发生时,通常会造成支架折损、片帮冒顶、巷道堵塞、人员伤亡等现象。(　)

14. 冲击地压是煤矿开采过程中发生的以突然、急剧、猛烈为破坏特征的一种矿山动力现象。(　)

15. 冲击地压矿井必须有技术人员专门负责监测与预警工作;必须建立实时预警、处置调度和处理结果反馈制度。(　)

16. 冲击地压矿井必须制定采掘工作面冲击地压避灾路线,绘制井下避灾线路图。冲击地压危险区域的作业人员必须掌握作业地点发生冲击地压灾害的避灾路线以及被困时的自救常识。(　)

17. 出现先兆中暑和轻度中暑时,应立即将中暑人员撤离高温环境,转入通风良好的凉爽处休息。(　)

18. 在闷热的工作环境中,应注意补充淡盐水,预防中暑。(　)

二、单项选择题

1. 用"敲帮问顶"方式试探顶板,如顶板发出"咚咚"声,说明(　)。

A. 坚固完好　　B. 顶板岩层之间已经离层　　C. 顶板有水

2. 巷道坡度大于(　)时,严禁人力推车。

A. 6‰　　　　B. 7‰　　　　　C. 8‰

3. 在有煤尘爆炸危险的地点进行爆破时,(　)内应进行洒水降尘。

A. 10 m　　　B. 20 m　　　　C. 30 m

4. 井下使用的变压器油必须装入盖严的(　)内,由专人押送。

A. 木桶　　　B. 塑料桶　　　C. 铁桶

5. 井口房和通风机房附近（　）内,不得有烟火或用火炉取暖。

A. 10 m　　　B. 20 m　　　C. 30 m

6. 常用的均压防灭火技术措施有调压气室辅以连通管、风门辅以主调压风机、改变风流流动路线等3种,其中（　）应用较多。

A. 调压气室辅以连通管　　　B. 风门辅以主调压风机

C. 改变风流流动路线

7. 煤层越干燥,采掘工作面产生的煤尘量（　）。

A. 越大　　　B. 越小　　　C. 与煤层干燥程度无关

8. 引爆火源的温度越高,煤尘爆炸的初始强度（　）。

A. 越大　　　B. 越小　　　C. 与引爆火源温度无关

9. 处理冒顶事故的主要任务是抢救遇险人员及（　）。

A. 恢复通风　B. 支护顶板　　C. 减少财产损失

10. 发生水灾事故撤离时,若迷失方向,应朝着有风流通过的轨道(皮带)下山（　）撤退。

A. 向上　　　B. 向下　　　C. 向上或向下

11. 井下发生透水事故时,下面不正确的逃生方法为（　）。

A. 迅速撤退到透水点以上的水平

B. 逆着有风流通过的上山方向撤退

C. 顺着有风流通过的下山方向撤退

12. 冲击地压矿井必须编制冲击地压事故应急预案,且每年至少组织（　）次应急预案演练。

A. 1　　　　B. 2　　　　C. 3

13. 开采冲击地压煤层时,在应力集中区内不得布置（　）个工作面同时进行采掘作业。

A. 2　　　　B. 3　　　　C. 4

14. 采用（　）,有利于降低采煤工作面的温度。

A. 下行风　　B. 上行风　　　C. 平行风

三、多项选择题

1. 煤矿安全避险"六大系统"是指(　　)、压风自救系统、供水施救系统和通信联络系统。

A. 监测监控系统　　　　　　B. 人员定位系统

C. 紧急避险系统　　　　　　D. 安全防护系统

2. (　　)是确定矿井瓦斯等级的依据。

A. 绝对瓦斯涌出量　　　　　B. 瓦斯浓度

C. 相对瓦斯涌出量　　　　　D. 瓦斯的涌出形式

3. 出现透水征兆时,井下应当(　　)。

A. 立即停止作业　　　　　　B. 报告矿调度室

C. 采取必要的处理措施

D. 发出警报,撤出所有受水威胁地点的人员

4. 矿井防治水工作应当坚持(　　)原则。

A. 预测预报　　　　　　　　B. 有疑必探

C. 先探后掘　　　　　　　　D. 先治后采

5. 顶板事故按其发生的力学原理分为(　　)。

A. 压垮型冒顶　　　　　　　B. 漏垮型冒顶

C. 推垮型冒顶　　　　　　　D. 失稳型冒顶

6. 处理采煤工作面冒顶的方法有(　　)等。

A. 探板法　　　　　　　　　B. 撞楔法

C. 密闭法　　　　　　　　　D. 绕道法

7. 煤矿井下电网的(　　)称为煤矿井下的三大保护,是保证井下供电安全的重要措施。

A. 过电流保护　　　　　　　B. 漏电保护

C. 欠压保护　　　　　　　　D. 保护接地

8. 触电事故的伤害程度受(　　)以及电流频率、人体健康状况等因素影响。

A. 电流的大小 　　　　　　　　B. 持续时间

C. 电流的途径 　　　　　　　　D. 电流的方向

9. 外因火灾的早期发现在于迅速地确定它的发生及其所在位置,及时发现外因火灾是根据燃烧的(　　)等作出判断。

A. 气体产物(CO 和 CO_2) 　　　B. 火焰

C. 红外光 　　　　　　　　　　D. 烟雾

10. 直接灭火就是用(　　)等,在火源附近直接扑灭火灾或挖除火源,这是一种积极的灭火方法。

A. 铁锹 　　　　　　　　　　　B. 水

C. 砂子 　　　　　　　　　　　D. 化学灭火器

11. 煤尘爆炸必须同时具备的条件是(　　)。

A. 氧气浓度不低于 18%

B. 煤尘本身具有爆炸性并且悬浮煤尘达到爆炸浓度

C. 在煤矿井下

D. 有足以点燃煤尘的热源

12. 为了预防煤尘爆炸事故的发生,煤矿井下生产过程中必须采取一定的减尘、降尘措施。目前,常采用的技术措施有(　　)、通风防尘、喷雾洒水、刷洗岩帮等。

A. 煤层注水 　　　　　　　　　B. 湿式打眼

C. 使用水炮泥 　　　　　　　　D. 旋风除尘

13. 抢救遇险人员是抢救中的主要任务,必须做到有巷必入,本着(　　)的原则进行抢救。

A. 先活后死 　　　　　　　　　B. 先重后轻

C. 先易后难 　　　　　　　　　D. 先远后近

14. 井下发生事故后,要充分利用人员定位系统清点井下及灾区人员,判定遇险人员(　　),控制入井人数,迅速组织撤出受威胁区域的人员。

A. 人数 　　　　　　　　　　　B. 位置

C. 生存条件　　　　　　D. 瓦斯浓度

15. 目前,国内常见的煤矿热害防治的预防措施有(　　)。

A. 合理通风　　　　　　B. 机械降温

C. 个人防护　　　　　　D. 疏排热水

练习题答案

一、判断题

1. √　2. √　3. √　4. √　5. ×　6. ×　7. ×　8. √
9. √　10. ×　11. √　12. √　13. √　14. √　15. √
16. √　17. √　18. √

二、单项选择题

1. B　2. B　3. B　4. C　5. B　6. C　7. A　8. A　9. A
10. A　11. C　12. A　13. A　14. A

三、多项选择题

1. ABC　2. ACD　3. ABD　4. ABCD　5. ABC　6. ABD
7. ABD　8. ABC　9. ABC　10. BCD　11. ABD
12. ABC　13. ABC　14. ABC　15. ABCD

第四部分　通风专业知识

第十章 矿井通风

第一节 矿内空气

一、矿井空气

矿井空气指由地面进入矿井以后的空气。由于受井下自然因素和人为生产因素的影响,与地面空气相比,矿井空气成分会发生一系列变化,主要有:氧气含量减少,有毒有害气体含量增加,粉尘浓度增加等。

(一) 矿井空气中常见有害气体

矿井空气中常见有害气体主要有:一氧化碳(CO)、硫化氢(H_2S)、二氧化氮(NO_2)、二氧化硫(SO_2)、氨气(NH_3)、氢气(H_2)等。

《煤矿安全规程》第135条规定:采掘工作面的进风流中,氧气浓度不低于20%,二氧化碳浓度不超过0.5%。矿井空气中常见有害气体的最高允许浓度如表10-1所示。

表 10-1 矿井有害气体最高允许浓度

名称	最高允许浓度/%
一氧化碳 CO	0.002 4

表 10-1（续）

名称	最高允许浓度/%
氧化氮（换算成 NO_2）	0.000 25
二氧化硫 SO_2	0.000 5
硫化氢 H_2S	0.000 66
氨 NH_3	0.004

（二）《煤矿安全规程》对甲烷、二氧化碳的浓度规定

矿井中对安全生产威胁最大的气体主要是甲烷和二氧化碳，因此，《煤矿安全规程》对甲烷和二氧化碳的浓度进行了严格规定：

（1）矿井总回风巷或者一翼回风巷中甲烷或者二氧化碳浓度超过 0.75% 时，必须立即查明原因，进行处理。

（2）采区回风巷、采掘工作面回风巷风流中甲烷浓度超过 1.0% 或者二氧化碳浓度超过 1.5% 时，必须停止工作，撤出人员，采取措施，进行处理。

（3）采掘工作面及其他作业地点风流中甲烷浓度达到 1.0% 时，必须停止用电钻打眼；爆破地点附近 20 m 以内风流中甲烷浓度达到 1.0% 时，严禁爆破。采掘工作面及其他作业地点风流中、电动机或者其开关安设地点附近 20 m 以内风流中的甲烷浓度达到 1.5% 时，必须停止工作，切断电源，撤出人员，进行处理。

（4）采掘工作面及其他巷道内，体积大于 0.5 m^3 的空间内积聚的甲烷浓度达到 2.0% 时，附近 20 m 内必须停止工作，撤出人员，切断电源，进行处理。对因甲烷浓度超过规定被切断电源的电气设备，必须在甲烷浓度降到 1.0% 以下时，方可通电开动。

（5）采掘工作面风流中二氧化碳浓度达到 1.5% 时，必须停止工作，撤出人员，查明原因，制定措施，进行处理。

（6）临时停工的地点，不得停风；否则必须切断电源，设置栅栏、警标，禁止人员进入，并向矿调度室报告。停工区内甲烷或者

二氧化碳浓度达到 3.0%或者其他有害气体浓度超过《煤矿安全规程》第 135 条的规定不能立即处理时,必须在 24 h 内封闭完毕。

(7) 局部通风机因故停止运转,在恢复通风前,必须首先检查瓦斯,只有停风区中最高甲烷浓度不超过 1.0%和最高二氧化碳浓度不超过 1.5%,且局部通风机及其开关附近 10 m 以内风流中的甲烷浓度都不超过 0.5%时,方可人工开启局部通风机,恢复正常通风。

(8) 停风区中甲烷浓度超过 1.0%或者二氧化碳浓度超过 1.5%,最高甲烷浓度和二氧化碳浓度不超过 3.0%时,必须采取安全措施,控制风流排放瓦斯。停风区中甲烷浓度或者二氧化碳浓度超过 3.0%时,必须制定安全排放瓦斯措施,报矿总工程师批准。

(9) 在排放瓦斯过程中,排出的瓦斯与全风压风流混合处的甲烷和二氧化碳浓度均不得超过 1.5%,且混合风流经过的所有巷道内必须停电撤人,其他地点的停电撤人范围应当在措施中明确规定。只有恢复通风的巷道风流中甲烷浓度不超过 1.0%和二氧化碳浓度不超过 1.5%时,方可人工恢复局部通风机供风巷道内电气设备的供电和采区回风系统内的供电。

(三) 矿井甲烷、二氧化碳及一氧化碳检测前仪器检查

为了防止矿井甲烷、二氧化碳和其他有毒有害气体的浓度超过《煤矿安全规程》规定的浓度值而引发事故,矿井必须建立严格的甲烷、二氧化碳和其他有害气体检查制度,并遵守《煤矿安全规程》的相关规定。

1. 检测地点及次数

《煤矿安全规程》第 180 条规定:

(1) 所有采掘工作面、硐室、使用中的机电设备的设置地点、有人员作业的地点都应当纳入检查范围。

(2) 采掘工作面的甲烷浓度检查次数要求:低瓦斯矿井,每班

至少2次;高瓦斯矿井,每班至少3次;突出煤层、有瓦斯喷出危险或者瓦斯涌出较大、变化异常的采掘工作面,必须有专人经常检查。

(3)采掘工作面二氧化碳浓度应当每班至少检查2次;有煤(岩)与二氧化碳突出危险或者二氧化碳涌出量较大、变化异常的采掘工作面,必须有专人经常检查二氧化碳浓度。对于未进行作业的采掘工作面,可能涌出或者积聚甲烷、二氧化碳的硐室和巷道,应当每班至少检查1次甲烷、二氧化碳浓度。

(4)在有自然发火危险的矿井,必须定期检查一氧化碳浓度、气体温度等变化情况。

(5)井下停风地点栅栏外风流中的甲烷浓度每天至少检查1次,密闭外的甲烷浓度每周至少检查1次。

2. 通风班组长对检测仪器检查

光学瓦斯检定器
操作前检查
及调零

一氧化碳检定器
操作前检查

3. 特殊地点有毒有害气体检测操作中的注意事项

(1)巷道高冒区瓦斯检测

巷道高冒区由于通风不良,一般都会积聚瓦斯。测量高冒区瓦斯浓度时,人员不能进入高冒区或头部探入高冒区内,以防瓦斯窒息、中毒事故发生。可以采用接长胶皮管绑在竹竿或木杆上,伸到高冒区内进行抽气取样,由外向里逐段测量。

（2）停风巷内进行瓦斯检查

在一般情况下，不应进入停风巷内进行瓦斯检查工作。在特殊情况下，如发现自然发火隐患，确需进入停风巷道内检查瓦斯，为保证检查人员人身安全，应遵从矿调度室统一安排，由矿兼职救护队员或专职救护队员携带专用装备进入停风巷道进行检测。

二、矿井气候条件

矿井气候条件是指矿井空气的温度、湿度和风速的综合作用状态。这三个参数的不同组合，构成了不同的矿井气候条件。

《煤矿安全规程》第 137 条规定：进风井口以下的空气温度（干球温度，下同）必须在 2 ℃以上。《煤矿安全规程》第 655 条要求：当采掘工作面空气温度超过 26 ℃、机电设备硐室超过 30 ℃时，必须缩短超温地点工作人员的工作时间，并给予高温保健待遇。当采掘工作面的空气温度超过 30 ℃、机电设备硐室超过 34 ℃时，必须停止作业。

井巷中的风流速度应当符合表 10-2 要求。

表 10-2　井巷中的允许风流速度

井巷名称	允许风速/(m/s)	
	最低	最高
无提升设备的风井和风硐		15
专为升降物料的井筒		12
风桥		10
升降人员和物料的井筒		8
主要进、回风巷		8
架线电机车巷道	1.0	8
输送机巷，采区进、回风巷	0.25	6

表 10-2（续）

井巷名称	允许风速/(m/s)	
	最低	最高
采煤工作面、掘进中的煤巷和半煤岩巷	0.25	4
掘进中的岩巷	0.15	4
其他通风人行巷道	0.15	

设有梯子间的井筒或者修理中的井筒,风速不得超过 8 m/s;梯子间四周经封闭后,井筒中的最高允许风速可以按表 10-2 规定执行。

无瓦斯涌出的架线电机车巷道中的最低风速可低于表 10-2 的规定值,但不得低于 0.5 m/s。

综合机械化采煤工作面,在采取煤层注水和采煤机喷雾降尘等措施后,其最大风速可高于 4 m/s 的规定值,但不得超过 5 m/s。

第二节　矿井通风

利用机械或自然通风动力,使地面空气进入井下,并在井巷中做定向和定量的流动,由地面空气进入矿井到最后排出矿井的全过程称为矿井通风。

一、矿井通风的基本任务

矿井通风的主要任务有:

(1) 供给井下足够的新鲜空气,满足人员对氧气的需要;

(2) 稀释并排除井下有毒有害气体和粉尘,保证安全生产;

(3) 调节井下气候,创造良好的工作环境;

(4) 提高矿井的抗灾能力。

二、矿井通风系统

矿井通风系统是矿井通风方法、通风方式、通风网络和通风设施的总称。《煤矿安全规程》第142条规定：矿井必须有完整的独立通风系统。改变全矿井通风系统时，必须编制通风设计及安全措施，由企业技术负责人审批。

(一) 矿井通风方法

广义的矿井通风方法是指矿井风流获得动力的方法，狭义的矿井通风方法是指矿井主要通风机的工作方法。矿井通风方法以风流获得动力的来源不同可分为自然通风和机械通风。

1. 自然通风

自然通风是借助进、出风井的标高差和进、出风井内空气的温度差来实现矿井通风的方法。这种方法要受到矿井的自然条件和季节变化的影响，风量和风流方向不稳定，不能满足矿井通风的需要。因此，《煤矿安全规程》第158条规定：矿井必须采用机械通风。

2. 机械通风

根据通风机的工作方式不同，机械通风可分为抽出式（负压通风）、压入式（正压通风）和混合式3种。

(1) 抽出式通风

将风机安装在出风井口附近，风机工作时将污浊风流抽出，新鲜风流则由进风井流入并流经各用风地点，矿井井巷大气处在低于当地大气压力的负压状态。这种通风方法称为抽出式通风。

抽出式通风的特点是：

a. 在矿井主要通风机的作用下，矿内空气处于低于当地大气压力的负压状态，当矿井与地面间存在漏风通道时，漏风从地面漏入井内。

b. 抽出式通风矿井在主要进风巷无须安设风门，便于运输、行人和通风管理。

c. 在瓦斯矿井采用抽出式通风,若主要通风机因故停止运转,井下风流压力提高,在短时间内可以防止瓦斯从采空区涌出,比较安全。

目前我国大部分矿井一般采用抽出式通风。

（2）压入式通风

风机安装在进风井口附近,在风机的作用下,风流由进风井压入,经各用风地点后由出风井排出,矿井井巷大气处在高于当地大气压力的正压状态。这种通风方法称为压入式通风。

压入式通风的特点是:

a. 在矿井主通风机的作用下,矿内空气处于高于当地大气压力的正压状态,当矿井与地面间存在漏风通道时,漏风从井内漏向地面。

b. 压入式通风矿井中,由于要在矿井的主要进风巷中安装风门,使运输、行人不便,漏风较大,通风管理工作较困难。

c. 当矿井主要通风机因故停止运转时,井下风流压力降低,有可能使采空区瓦斯涌出量增加,造成瓦斯积聚,对安全不利。

因此,在瓦斯矿井中一般很少采用压入式通风。

（3）混合式通风

在进风井和回风井一侧都安设矿井主要通风机,新风经压入式主要通风机送入井下,污风经抽出式主要通风机排出井外的一种矿井通风方法。

混合式通风的特点是:

a. 进风井口地面附近安设压入式通风机,出风井口地面附近安设抽出式通风机。

b. 井下空气压力与地面空气压力相比,进风系统一侧为正压,回风系统一侧为负压。一般适应较大的通风阻力,矿井内部漏风小。

c. 通风设备多,动力消耗大,管理复杂。

因此,我国矿井一般很少采用混合式通风。

(二) 矿井通风方式

矿井通风方式是指矿井进风井与回风井的布置方式。按进、回风井的位置不同,分为中央式、对角式、区域式和混合式四种。

1. 中央式

(1) 中央并列式

如图 10-1 所示。进风井、回风井均并列布置在井田走向和倾斜方向的中央。

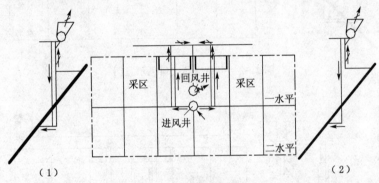

（1）　　　　　　　　　　　　　　　　　　　（2）

图 10-1　中央并列式通风示意图

(2) 中央边界式(又名中央分列式)

如图 10-2 所示。进风井仍布置在井田走向和倾斜方向的中央,回风井大致布置在井田上部边界沿走向的中央,回风井的井底标高高于进风井的井底标高。

2. 对角式

进风井大致布置在井田的中央,回风井分别布置在井田上部边界沿走向的两翼上。根据回风井沿走向的位置不同,对角式又分为两翼对角式和分区对角式两种。

（1）两翼对角式

如图 10-3 所示。进风井大致位于井田走向中央，在井田上部沿走向的两翼边界附近或两翼边界采区的中央各开掘一个出风井。

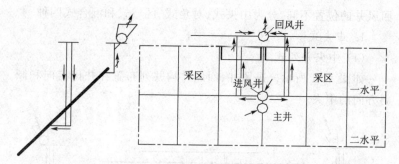

图 10-2　中央边界式通风示意图

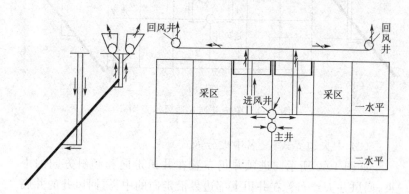

图 10-3　两翼对角式通风示意图

（2）分区对角式

如图 10-4 所示。进风井位于井田走向的中央，在每个采区的上部边界各掘进一个回风井，无总回风巷。

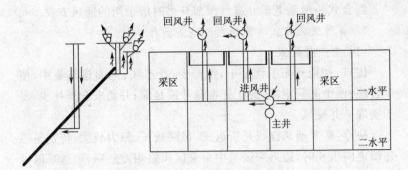

图 10-4 分区对角式通风示意图

3. 区域式

如图 10-5 所示。在井田的每一个生产区域开凿进风井和回风井,分别构成独立的通风系统。

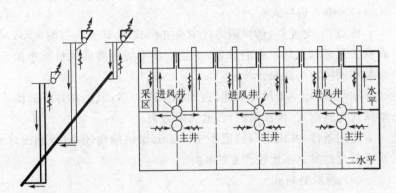

图 10-5 区域式通风示意图

4. 混合式

混合式是中央式和对角式的混合布置,因此混合式的进风井与出风井数目至少有 3 个。混合式有中央并列与两翼对角混合式、中央边界与两翼对角混合式、中央并列与中央边界混合式等。

混合式一般是老矿井进行深部开采时所采用的通风方式。

5. 各种通风方式的优缺点及适用条件

（1）中央并列式

优点：初期开拓工程量小，投资少，投产快；地面建筑集中，便于管理；两个井筒集中，便于开掘和井筒延深；井筒安全煤柱少，易于实现矿井反风。

缺点：矿井通风路线是折返式，风路较长，阻力较大，特别是当井田走向很长时，边远采区与中央采区风阻相差悬殊，边远采区可能因此风量不足；由于进风井和回风井距离近，井底漏风较大，容易造成风流短路；安全出口少，只有2个；工业广场受主要通风机噪声的影响和回风流的污染。

适用条件：井田走向长度小于4 km，煤层倾角大，埋藏深，瓦斯与自然发火都不严重的矿井。

（2）中央边界式

优点：安全性好；通风阻力比中央并列式小，矿井内部漏风小，有利于瓦斯和自然发火的管理；工业广场不受主要通风机噪声的影响和回风流的污染。

缺点：增加一个风井场地，占地和压煤较多；风流在井下的流动路线为折返式，风流路线长，通风阻力大。

适用条件：井田走向长度小于4 km，煤层倾角较小，埋藏浅，瓦斯与自然发火都比较严重的矿井。

（3）两翼对角式

优点：风流在井下的流动路线为直向式，风流路线短，通风阻力小；矿井内部漏风小；各采区间的风阻比较均衡，便于按需分风；矿井总风压稳定，主要通风机的负载较稳定；安全出口多，抗灾能力强；工业广场不受回风流的污染和主要通风机噪声的危害。

缺点：初期投资大，建井工期长；管理分散；为井筒安全，煤柱压煤较多。

适用条件:井田走向长度大于 4 km,需要风量大,煤易自燃,有煤与瓦斯突出的矿井。

(4)分区对角式

优点:各采区之间互不影响,便于风量调节;建井工期短;初期投资少,出煤快;安全出口多,抗灾能力强;进、回风路线短,通风阻力小。

缺点:风井多,占地压煤多;主要通风机分散,管理复杂;风井与主要通风机服务范围小,接替频繁;矿井反风困难。

适用条件:煤层埋藏浅或因煤层风化带和地表高低起伏较大,无法开凿浅部的总回风巷,在开采第一水平时,只能采用分区式。另外,井田走向长、多煤层开采的矿井或井田走向长、产量大、需要风量大、煤易自燃、有煤与瓦斯突出的矿井,也可采用这种通风方式。

(5)区域式

优点:既可以改善矿井的通风条件,又能利用风井准备采区,缩短建井工期;风流路线短,通风阻力小;漏风少,网路简单,风流易于控制,便于主要通风机的选择。

缺点:通风设备多,管理分散,管理难度大。

适用条件:井田面积大、储量丰富或瓦斯含量大的大型矿井。

(6)混合式

优点:有利于矿井的分区分期建设,投资省,出煤快,效率高;回风井数目多,通风能力大;布置灵活,适应性强。

缺点:多台风机联合工作,通风网路复杂,管理难度大。

适用条件:井田走向长,老矿井的改扩建和深部开采;多煤层多井筒的矿井;井田面积大、产量大、需要风量大或采用分区开拓的大型矿井。

总之,矿井的通风方式,应根据矿井的设计生产能力、煤层赋存条件、地形条件、井田面积、走向长度及矿井瓦斯等级、煤层的自燃倾向性等情况,从技术、经济和安全等方面加以分析,通过比较来确定。

(三) 矿井通风网络

矿井风流按照生产要求在井巷中流动时,风流分岔、汇合线路的结构形式,叫作通风网络,简称通风网络或风网。

通风网络基本连接形式有串联、并联和角联三种(见图 10-6)。

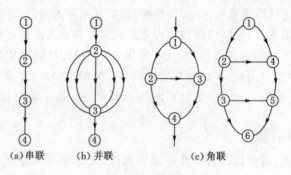

(a)串联　　(b)并联　　(c)角联

图 10-6　通风网络示意图

1. 串联通风

由两条或两条以上分支彼此首尾相连,中间没有风流汇合点的通风线路称为串联通风。

2. 并联通风

由两条或两条以上具有相同始点和末点的分支所组成的通风网路称为并联通风。

3. 串联与并联的比较

在矿井通风网络中,既有串联通风,又有并联通风。矿井的进风、回风风路多为串联通风,而工作面与工作面之间多为并联通风。从安全、可靠和经济角度看,并联通风与串联通风相比,具有以下明显优点:

(1)总风阻小,总等积孔大,通风容易,通风动力费用少。

(2)并联时,各分支独立通风,风流新鲜,互不干扰,有利于安全生产;而串联时,后面风路的入风是前面风路排出的污风,风流不新鲜,空气质量差,不利于安全生产。

(3)并联各分支的风量,可根据生产需要进行调节;而串联各风路的风量则不能进行调节,不能有效地利用风量。

(4)并联的某一分支风路中发生事故,易于控制与隔离,不致影响其他分支巷道,事故波及范围小,安全性好;而串联的某一风路发生事故,容易波及整个风路,安全性差。

4.《煤矿安全规程》对串联通风的要求

《煤矿安全规程》第150条规定:

采、掘工作面应当实行独立通风,严禁2个采煤工作面之间串联通风。

同一采区内1个采煤工作面与其相连接的1个掘进工作面、相邻的2个掘进工作面,布置独立通风有困难时,在制定措施后,可采用串联通风,但串联通风的次数不得超过1次。

采区内为构成新区段通风系统的掘进巷道或者采煤工作面遇地质构造而重新掘进的巷道,布置独立通风有困难时,其回风可以串入采煤工作面,但必须制定安全措施,且串联通风的次数不得超过1次;构成独立通风系统后,必须立即改为独立通风。对于该条规定的串联通风,必须在进入被串联工作面的巷道中装设甲烷传感器,且甲烷和二氧化碳浓度都不得超过0.5%,其他有害气体浓度都应当符合《煤矿安全规程》第135条的要求。

开采有瓦斯喷出、有突出危险的煤层或者在距离突出煤层垂距小于10 m的区域掘进施工时,严禁任何2个工作面之间串联通风。

5.角联通风

角联通风是指内部存在角联分支的通风网路。角联分支(对角分支)是指位于风网的任意 2 条有向通路之间且不与 2 条通路的公共节点相连的分支。仅有 1 条角联分支的风网称为简单角联风网;含有 2 条或 2 条以上角联分支的风网称为复杂角联风网。

角联网路的特性是:角联分支的风流方向是不稳定的。角联网路中角联分支的风向完全取决于两侧各邻近风路的风阻比,而与其本身的风阻无关。通过改变角联分支两侧各邻近风路的风阻,就可以改变角联分支的风向。可见,角联分支一方面具有容易调节风向的优点,另一方面又有出现风流不稳定的可能性。角联分支风流的不稳定不仅容易引发矿井灾害事故,而且可能使事故影响范围扩大。

(四) 矿井通风设施

根据用途的不同,通风设施分为引导风流设施、隔断风流设施和控制风流设施。

1. 引导风流的设施

(1) 风硐

风硐是连接主通风机和风井的一段巷道。由于风硐通过风量大、内外压差大,应尽量降低其风阻,并减少漏风。

《煤矿安全规程》规定:

a. 立井锁口施工时,风硐口、安全出口与井筒连接处应当整体浇筑,并采取安全防护措施。

b. 暖风道和压入式通风的风硐必须用不燃性材料砌筑,并至少装设 2 道防火门。

c. 主要通风机的风硐应当设置压力传感器。

(2) 风桥

如图 10-7 所示。在进风与回风平面相遇的地点,必须设置风桥,构成立体交叉风路,使进风与回风分开,互不相混。风桥可分为绕道式风桥、混凝土式风桥和铁筒式风桥。

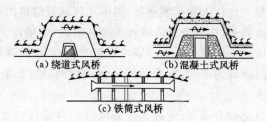

(a)绕道式风桥　　　(b)混凝土式风桥

(c)铁筒式风桥

图 10-7　风桥示意图

风桥的质量标准如下所列：

a. 用不燃材料建筑；

b. 风桥两端接口严密，四周为实帮、实底，用混凝土浇灌填实；桥面规整不漏风；

c. 风桥前后各 5 m 范围内巷道支护良好，无杂物、积水和淤泥；

d. 风桥通风断面不小于原巷道断面的 4/5，呈流线型，坡度小于 30°；风桥上、下不安设风门、调节风窗等。

2. 控制风流的设施

(1) 防爆门

《煤矿安全规程》第 158 条规定：装有主要通风机的出风井口应当安装防爆门，防爆门每 6 个月检查维修 1 次。

防爆门是安装在装有主要通风机的排风井口上的特殊密封井盖。在正常通风时，它被用来隔离井下气流与地面大气，防止风流短路，保证通风系统正常。当井下一旦发生瓦斯或煤尘爆炸事故时，防爆门被爆炸的气流冲击打开，从而爆炸气流直接排放到地面大气中，起到卸压作用，防止主要通风机因爆炸气流冲击而造成损坏。

(2) 风门、风窗

① 风门

风门是允许行人和车辆通过,但不允许风流通过的通风设施。在不允许风流通过,但需行人或行车的巷道内,必须设置风门。门扇安设在风门墙垛的门框上。墙垛可用砖、石和水泥砌筑。

按风门材料的不同,有木材风门、金属材料风门、混合材料风门3种。

按风门结构的不同,可分为普通风门和自动风门2种。在行人或通车不多的地方,可设普通风门;在行人通车比较频繁的主要运输巷道,应安设自动风门。

② 风窗

在并联风网中,若一个风路中风量需要增加,而另一风路的风量有余,则可在后一风路中安设调节风窗,使并联风网中的风量按需供应,达到风量调节的目的。

调节风窗就是在风门或风墙上方开一个面积可调的窗口,利用小窗口的面积调整来调节风量。

③ 风门、风窗设置要求

a. 每组风门不少于2道(含主要进、回风巷之间的联络巷设的反向风门),其间距不小于5 m[通车风门间距不小于1列(辆)车长度];通车风门设有发出声光信号的装置,且声光信号在风门两侧都能接收。

b. 进、回风井之间和主要进、回风巷之间的每条联络巷中,必须砌筑永久性风墙;需要使用的联络巷,必须安设2道联锁的正向风门和2道反向风门。

c. 风门能自动关闭并联锁,使2道风门不能同时打开;门框包边沿口有衬垫,四周接触严密,门扇平整不漏风;风窗有可调控装置,调节可靠。

d. 风门、风窗水沟处设有反水池或者挡风帘,轨道巷通车风门设有底槛,电缆、管路孔堵严,风筒穿过风门(风窗)墙体时,在墙上安装与胶质风筒直径匹配的硬质风筒。

3. 隔断风流的设施

（1）风墙

凡是不运输、不行人,又须隔断风流的井巷都应设风墙,如封闭采空区、火区和废弃的旧巷等。根据风墙的结构与服务年限,可分为两种:一是临时性风墙。由于服务年限不长,一般采用木板、木段和可塑性材料等,并用黄泥、石灰抹平。此类通风设施常称为"板闭"。二是永久性风墙。由于服务年限长,常用料石、砖、水泥等不燃性材料构筑。

（2）密闭设置要求

a. 密闭位置距全风压巷道口不大于 5 m,设有规格统一的瓦斯检查牌板和警标,距巷道口大于 2 m 的设置栅栏;密闭前无瓦斯积聚。所有导电体在密闭处断开,在用管路采取绝缘措施处理的除外。

b. 密闭内有水时设有反水池或者反水管,采空区密闭设有观测孔、措施孔,且孔口设置阀门或者带有水封结构。如图 10-8 所示。

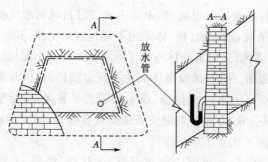

图 10-8 风墙的布置

4. 设施施工注意事项

（1）施工地点必须通风良好,瓦斯、二氧化碳等有害气体的浓度不超过《煤矿安全规程》的规定。

（2）必须由外向里逐步检查施工地点前后 5 m 的支架、顶板情况，发现问题及时处理，处理时由一人处理、一人监护，处理不完必须及时进行临时支护。

（3）拆除原有支护前，必须先加固其附近巷道支架；若顶板破碎，应先用托棚或探梁将梁托住，再拆棚腿，不准空顶作业。

（4）掏槽时应注意以下几点：

a. 掏槽一般应按先上后下的原则进行，掏出的煤、矸等物要及时运走，巷道应清理干净。

b. 掏槽深度必须符合规定要求，见实帮、实底。

c. 砌碹巷道密闭要拆碹掏槽，并按专门安全措施施工。

d. 掏槽只能用大锤、钎子、手镐、风镐施工，不准采用爆破方法。

e. 在立眼或急倾斜巷道中施工时，必须佩戴保险带，并制定安全措施。

f. 施工高度超过 2 m 时，要搭脚手架，保证安全牢靠。

5. 通风设施管理

（1）有构筑通风设施（指永久密闭、风门、风窗和风桥）设计方案及安全措施，设施墙（桥）体采用不燃性材料构筑，其厚度不小于 0.5 m（防突风门、风窗墙体不小于 0.8 m），严密不漏风。

（2）密闭、风门、风窗墙体周边按规定掏槽，墙体与煤岩接实，四周有不少于 0.1 m 的裙边，周边及围岩不漏风；墙面平整，无裂缝、重缝和空缝，并进行勾缝或者抹面或者喷浆，抹面的墙面 1 m² 内凸凹深度不大于 10 mm。

（3）设施 5 m 范围内支护完好，无片帮、漏顶、杂物、积水和淤泥。

（4）设施统一编号，每道设施有规格统一的施工说明及检查维护记录牌，风门及采空区密闭每周、其他设施每月至少检查 1 次设施完好及使用情况，有设施检修记录及管理台账。

（五）矿井通风系统要求

（1）矿井必须有完整的通风系统，应至少有一个进风井和回风井，井下有足够的进、回风巷道及通风设施，使风流稳定可靠。

（2）矿井进风井口必须布置在粉尘、灰、烟和高温、有害气体不能侵入的地方。进、回风井口均应在当地最高洪水水位标高以上。

（3）矿井通风系统应力求通风线路短、网络结构合理、通风阻力小和漏风少。

（4）矿井各生产水平和采区必须实行分区通风；矿井通风系统应满足采区通风和掘进通风，以及矿井防治瓦斯、火、粉尘和水等灾害的要求。

（5）矿井各用风地点的风速、风量、空气温度应符合《煤矿安全规程》规定。

（6）箕斗提升井或装有带式输送机的井筒，一般不应兼作风井使用。

（7）矿井必须采用机械通风。严禁采用局部通风机或风机群作为主要通风机使用。

（8）矿井主要通风机必须设有双回路电源、反风装置，其出风井口应安装防爆门。

（9）矿井必须安装两套同等能力的主要通风机，其中一套作为备用。多台通风机联合运转时，各通风机之间影响要小，保持各通风机工况点的稳定。

（10）尽可能使各采区产量均衡，阻力接近，避免过多地调节风量，尽量减少通风设施，以免引起漏风和风量不稳。

（11）具有较强的防灾抗灾能力，当发生某种灾害事故时，风流易于控制。各水平、采区直至地面都有安全出口和明确的避灾路线，便于人员逃生。

第三节 采区通风系统

采区通风系统是矿井通风系统的主要组成单元,包括:采区进风、回风和工作面进、回风巷道组成的风路连接形式及采区内的风流控制设施。

一、采区通风系统的基本要求

(1)生产水平和采(盘)区必须实行分区通风。

(2)准备采区时,必须在采区构成通风系统后,方可开掘其他巷道;采用倾斜长壁布置的,大巷必须至少超前2个区段,并构成通风系统后,方可开掘其他巷道。采煤工作面必须在采(盘)区构成完整的通风、排水系统后,方可回采。

(3)高瓦斯、突出矿井的每个采(盘)区和开采容易自燃煤层的采(盘)区,必须设置至少1条专用回风巷;低瓦斯矿井开采煤层群和分层开采采用联合布置的采(盘)区,必须设置1条专用回风巷。

(4)采区进、回风巷必须贯穿整个采区,严禁一段为进风巷、一段为回风巷。

(5)采煤工作面必须采用矿井全风压通风,禁止采用局部通风机稀释瓦斯。

(6)采掘工作面的进风和回风不得经过采空区或者冒顶区。

(7)无煤柱开采沿空送巷和沿空留巷时,应当采取防止从巷道的两帮和顶部向采空区漏风的措施。

(8)矿井在同一煤层、同翼、同一采区相邻正在开采的采煤工作面沿空送巷时,采掘工作面严禁同时作业。

(9)水采和连续采煤机开采的采煤工作面由采空区回风时,工作面必须有足够的新鲜风流,工作面及其回风巷的风流中的甲烷和二氧化碳浓度必须符合《煤矿安全规程》的规定。

(10) 采空区必须及时封闭。采区开采结束后 45 天内，必须在所有与已采区相连通的巷道中设置密闭墙，全部封闭采区。

二、采煤工作面通风方法

回采区段的通风系统是由工作面的进风巷、回风巷和工作面组成的。当矿井采用走向长壁后退式采煤法时，回采区段的通风系统有 U 形、Z 形、H 形、Y 形、W 形和双 Z 形等形式，最常用的是 U 形和 W 形。

(一) 后退式 U 形通风系统

采用该通风系统的工作面只有一条进风巷道和一条回风巷道。我国大多数矿井采用 U 形后退式通风系统。

U 形后退式通风系统的主要优点是结构简单，巷道施工维修量小，工作面漏风小，风流稳定，易于管理等。缺点是在工作面上隅角附近瓦斯易超限，工作面进、回风巷要提前掘进，掘进工作量大。

(二) 后退式 W 形通风系统

该系统适用于高瓦斯的长工作面或双工作面，其进、回风平巷都布置在煤体中，当由中间及下部平巷进风、上部平巷回风时，上、下段工作面均为上行通风，但上段工作面的风速高，对防尘不利，上隅角(回风隅角)瓦斯可能超限。因此，瓦斯涌出量很大时，常采用上、下平巷进风，中间平巷回风的 W 形通风系统；反之，采用由中间平巷进风，上、下平巷回风的通风系统以增加风量、提高产量。在中间平巷内布置钻孔抽放瓦斯时，抽放钻孔由于处于抽放区域的中心，因而抽放率比采用 U 形通风系统的工作面提高了 50%。

三、上行风、下行风选择

（一）上行通风

上行通风指采煤工作面进风巷水平低于回风巷水平,采煤工作面风流沿倾斜向上流动。此种方法的风流方向与运煤方向相反,故也称逆向通风。

（二）下行通风

下行通风指采煤工作面进风巷水平高于回风巷水平,采煤工作面风流沿倾斜向下流动。此种方法的风流方向与运煤方向相同,故也称同向通风。

对于走向长壁式采煤工作面,一般将机巷设在下面,风巷设在上面;为了减少运输设备的能耗,煤炭向下运行。

（三）上、下行风的优缺点比较

1. 上行通风优缺点比较

主要优点:采煤工作面和回风巷道风流中的瓦斯以及从煤壁及采落的煤炭中不断放出的瓦斯,由于其比重小,有一定的上浮力,瓦斯自然流动的方向和通风方向一致,有利于较快地降低工作面的瓦斯浓度,防止在低风速地点造成瓦斯局部积聚。

主要缺点:采煤工作面为逆向通风,容易引起煤尘飞扬,增加了采煤工作面风流中的煤尘浓度;煤炭在运输过程中放出的瓦斯又随风流带入采煤工作面,增加了采煤工作面的瓦斯浓度;运输设备运转时所产生的热量随进风流带入采煤工作面,使工作面气温升高。

2. 下行通风优缺点比较

主要优点:采煤工作面进风流中煤尘浓度较小,这是因为工作面内为同向通风,降低了风流吹起煤尘的能力;采煤工作面的气温可以降低,这是因为风流进入工作面的路线较短,风流与地温热交换作用较小,而且工作面运输平巷内的机械发热量不会带入工作面;不易出现瓦斯局部积聚,因为风流方向与瓦斯向上轻浮的方向相反,当风流保持足够的风速时,就能够对向上轻浮的瓦斯具有较强的扰动、混合能力,使瓦斯局部积聚难以产生,而且煤炭在运输过程中放出的瓦斯不会被带入工作面。

主要缺点:工作面运输平巷中设备处在回风流中;一旦工作面发生火灾时控制火势比较困难;当发生煤与瓦斯突出事故时,下行通风极易引起大量的瓦斯逆流而进入上部进风水平,扩大突出的涉及范围。

因此,《煤矿安全规程》第 152 条规定:有突出危险的采煤工作面严禁采用下行通风。

四、扩散通风与循环风

(一) 扩散通风

扩散通风是指利用空气中分子的自然扩散运动,对局部地点进行通风的方式。由于扩散通风没有动力装置,而空气分子的扩散运动范围是相当有限的。在正常情况下很难达到《煤矿安全规程》的要求,所以对扩散通风只允许有选择地使用。

《煤矿安全规程》第 168 条规定:井下机电设备硐室必须设在进风风流中;采用扩散通风的硐室,其深度不得超过 6 m、入口宽度不得小于 1.5 m,并且无瓦斯涌出。

(二) 循环风

某一用风地点部分或全部回风再进入同一地点进风流中的现象称为循环风。

循环风一般发生在局部通风过程中,由于局部地点的风流反复返回同一局部地点,有毒有害气体和粉尘浓度越来越大,不仅使作业环境越来越恶化,而且会由于风流中瓦斯浓度不断增加,引起瓦斯事故。

《煤矿安全规程》第 164 条规定:"压入式局部通风机和启动装

置安装在进风巷道中,距掘进巷道回风口不得小于 10 m;全风压供给该处的风量必须大于局部通风机的吸入风量,局部通风机安装地点到回风口间的巷道中的最低风速必须符合本规程第一百三十六条的要求。"

第四节 局 部 通 风

局部通风主要是指利用局部通风机通风的掘进巷道,因此,采用局部通风机供风的掘进巷道应安设同等能力的备用局部通风机,实现自动切换。局部通风机的安装、使用符合《煤矿安全规程》规定,实行挂牌管理,由指定人员上岗签字并进行切换试验,有记录;不发生循环风;不出现无计划停风,有计划停风前制定专项通风安全技术措施。

一、局部通风方法

根据风机和风筒在巷道内安放的位置和方式,局部通风方法分为压入式、抽出式和混合式三种(见图 10-9)。

压入式和抽出式局部通风特点如下所列:

(1)压入式通风时,局部通风机及其附属电气设备均布置在新鲜风流中,污风不通过局部通风机,安全性好;而抽出式通风时,含瓦斯的污风通过局部通风机,若局部通风机不具备防爆性能,则是非常危险的。

(2)压入式通风风筒出口风速和有效射程均较大,可防止瓦斯层状积聚,且因风速较大而提高散热效果;而抽出式通风有效吸程小,掘进施工中难以保证风筒吸入口到工作面的距离在有效吸程之内。与压入式通风相比,抽出式风量小,工作面排污风所需时间长、速度慢。

(3)压入式通风时,掘进巷道涌出的瓦斯向远离工作面方向

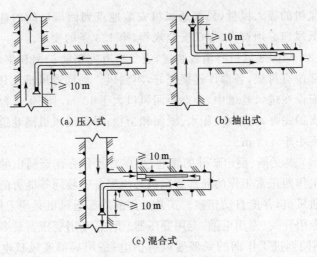

(a) 压入式   (b) 抽出式

(c) 混合式

图 10-9 局部通风示意图

排走;而用抽出式通风时,巷道壁面涌出的瓦斯随风流向工作面,安全性较差。

(4) 抽出式通风时,新鲜风流沿巷道进向工作面,整个井巷空气清新,劳动环境好;而压入式通风时,污风沿巷道缓慢排出,当掘进巷道越长,排污风速度越慢,受污染时间越久。

(5) 压入式通风可用柔性风筒,其成本低、质量小、便于运输;而抽出式通风的风筒承受负压作用,必须使用刚性或带刚性骨架的可伸缩风筒,成本高,质量大,运输不便。

二、局部通风机

(一) 局部通风机安装和使用要求

(1) 局部通风机由指定人员负责管理。

(2) 压入式局部通风机和启动装置安装在进风巷道中,距掘进巷道回风口不得小于 10 m;全风压供给该处的风量必须大于局部通风机的吸入风量,局部通风机安装地点到回风口间的巷道中的最低风速必须符合《煤矿安全规程》第136条的要求。

(3)局部通风机有消音装置,进气口有完整防护网和集流器,高压部位有衬垫,各部件连接完好,不漏风。局部通风机及其启动装置安设在进风巷道中,地点距回风口大于10 m,且10 m范围内巷道支护完好,无淋水、积水、淤泥和杂物;局部通风机离巷道底板高度不小于0.3 m。

(4)高瓦斯、突出矿井的煤巷、半煤岩巷和有瓦斯涌出的岩巷掘进工作面正常工作的局部通风机必须配备安装同等能力的备用局部通风机,并能自动切换。正常工作的局部通风机必须采用"三专"(专用开关、专用电缆、专用变压器)供电,专用变压器最多可向4个不同掘进工作面的局部通风机供电;备用局部通风机电源必须取自同时带电的另一电源,当正常工作的局部通风机故障时,备用局部通风机能自动启动,保持掘进工作面正常通风。

(5)其他掘进工作面和通风地点正常工作的局部通风机可不配备备用局部通风机,但正常工作的局部通风机必须采用"三专"供电;或者正常工作的局部通风机配备安装一台同等能力的备用局部通风机,并能自动切换。正常工作的局部通风机和备用局部通风机的电源必须取自同时带电的不同母线段的相互独立的电源,保证正常工作的局部通风机故障时,备用局部通风机能投入正常工作。

(6)正常工作的局部通风机和备用局部通风机均失电停止运转后,当电源恢复时,正常工作的局部通风机和备用局部通风机均不得自行启动,必须人工开启局部通风机。

(7)使用局部通风机供风的地点必须实行风电闭锁和甲烷电闭锁,保证当正常工作的局部通风机停止运转或者停风后能切断停风区内全部非本质安全型电气设备的电源。正常工作的局部通风机故障,切换到备用局部通风机工作时,该局部通风机通风范围内应当停止工作,排除故障;待故障被排除,恢复到正常工作的局部通风后方可恢复工作。使用 2 台局部通风机同时供风的,2 台局部通风机都必须同时实现风电闭锁和甲烷电闭锁。

(8) 每 15 天至少进行一次风电闭锁和甲烷电闭锁试验,每天应当进行一次正常工作的局部通风机与备用局部通风机自动切换试验,试验期间不得影响局部通风正常工作,试验记录要存档备查。

(9) 严禁使用 3 台及以上局部通风机同时向 1 个掘进工作面供风。不得使用 1 台局部通风机同时向 2 个及以上作业的掘进工作面供风。

(10) 使用局部通风机通风的掘进工作面,不得停风;因检修、停电、故障等原因停风时,必须将人员全部撤至全风压进风流处,切断电源,设置栅栏、警示标志,禁止人员入内。

(二) 局部通风机噪声控制

局部通风机运转时噪声很大,噪声声级限值常达 $100 \sim 110$ dB(A),大大超过《煤矿安全规程》规定的允许标准。

高噪声严重影响井下人员的健康和劳动效率,甚至可能成为导致人身事故的环境因素。降低噪声的措施主要有两种,一是研制、选用低噪声、高效率的局部通风机,二是在现有局部通风机上安设消音器。

局部通风机消音器是为风机专门设计配套的消音装置,采用复式和消音墙组合机构,在实践中降噪效果显著,解决了风机进口噪声高的难题,从而创造良好的环境。

三、风筒

风筒是最常见的导风装置。对风筒的基本要求是漏风小、风阻小、质量小、拆装简便。

（一）风筒种类

风筒按其材料力学性质可分为刚性风筒和柔性风筒两种。

刚性风筒是用金属板或玻璃钢制成的。玻璃钢风筒比金属风筒轻便、抗酸碱、腐蚀性强、摩擦阻力系数小。

柔性风筒是应用更广泛的一种风筒，通常用橡胶、塑料制成。其最大优点是轻便，可伸缩、拆装运搬方便。

（二）风筒接头

刚性风筒一般采用法兰盘连接方式。柔性风筒的接头方式有插接、单反边接头、双反边接头、活三环多反边接头、螺圈接头等多种形式（见图 10-10）。

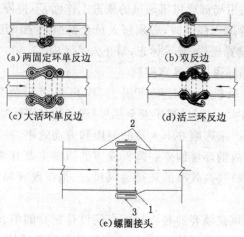

(a) 两固定环单反边　　　　(b) 双反边

(c) 大活环单反边　　　　(d) 活三环反边

(e) 螺圈接头

1—螺圈；2—风筒；3—铁丝箍

图 10-10　风筒接头连接方式示意图

（三）风筒管理

（1）采用抗静电、阻燃风筒，风筒口到掘进工作面的距离、正常工作的局部通风机和备用局部通风机自动切换的交叉风筒接头的规格和安设标准，应当在作业规程中明确规定。

（2）风筒口到工作面的距离符合作业规程规定；自动切换的交叉风筒与使用的风筒筒径一致，交叉风筒不安设在巷道拐弯处且与 2 台局部通风机方位相一致，不漏风。

（3）风筒实行编号管理。风筒接头严密，无破口（末端 20 m 除外），无反接头；软质风筒接头反压边，无丝绳或者卡箍捆扎，硬质风筒接头加垫、螺钉紧固。

（4）风筒吊挂平、直、稳，软质风筒逢环必挂，硬质风筒每节至少吊挂 2 处；风筒不被摩擦、挤压。

（5）风筒拐弯处用弯头或者骨架风筒缓慢拐弯，不拐死弯；异径风筒接头采用过渡节，无花接。

四、巷道贯通时通风系统的调整

在掘进巷道贯通时，会对通风系统造成影响，导致事故隐患增多，容易导致事故发生。贯通巷道必须遵守《煤矿安全规程》第 143 条的规定：

（1）巷道贯通前应当制定贯通专项措施。综合机械化掘进巷道在相距 50 m 前、其他巷道在相距 20 m 前，必须停止一个工作面作业，做好调整通风系统的准备工作。

停掘的工作面必须保持正常通风，设置栅栏及警标，每班必须检查风筒的完好状况和工作面及其回风流中的瓦斯浓度，瓦斯浓度超限时，必须立即处理。

掘进的工作面每次爆破前，必须派专人和瓦斯检查工共同到停掘的工作面检查工作面及其回风流中的瓦斯浓度，瓦斯浓度超限时，必须先停止在掘工作面的工作，然后处理瓦斯，只有在 2 个工作面及其回风流中的甲烷浓度都在 1.0% 以下时，掘进的工作面方可爆破。每次爆破前，2 个工作面入口必须有专人警戒。

（2）贯通时，必须由专人在现场统一指挥。

（3）贯通后，必须停止采区内的一切工作，立即调整通风系统,风流稳定后,方可恢复工作。

间距小于 20 m 的平行巷道的联络巷贯通,必须遵守以上规定。

第五节 矿井反风与漏风

一、矿井反风

(一)反风目的

当井下发生火灾时,能够按需要有效地控制风流的方向,确保受灾人员安全撤离和抢救人员,防止火灾区扩大,并为灭火和处理火灾事故提供条件。

(二)矿井反风的分类

1. 全矿性反风

利用专用反风道和控制风门反风;利用主要通风机反转反风(轴流式风机);利用备用主要通风机机体作为反风道反风。

生产矿井主要通风机必须装有反风设施,并能在 10 min 内改变巷道中风流的方向;当风流方向改变后,主要通风机的供风量不应小于正常风量的 40%。每季度至少检查 1 次反风设施,每年进行 1 次反风演习;当矿井通风系统有较大变化时,也应进行 1 次反风演习。

2. 局部反风

因为全矿井反风牵扯面广,操作比较复杂,所以当采区内局部地点(主要是采区或工作面的进风侧)发生火灾时,矿井的主要通风机仍保持正常运行,只是通过调整采区内预设风门的开关状态来实现采区内部分巷道风流的反向,从而把火灾烟流直接引向回风道。

二、矿井漏风

(一) 漏风的概念

在矿井通风系统中,进入井巷的风流未达到使用地点之前沿途漏出或漏入的现象统称为矿井漏风。

漏出和漏入的风量称为漏风量。

采掘工作面及各硐室的实际供风量称为有效风量。

(二) 产生漏风的原因、分类及危害

1. 漏风的原因

漏风主要是由于漏风区两端有压力差和通道。如果井下控制风流的设施不严密,采空区顶板岩石冒落后未被压实,煤柱被压坏或地表有裂缝,就会造成漏风。

2. 矿井漏风的分类

矿井漏风按其地点可分为以下两种:

(1) 外部漏风(或称为井口漏风):通过地表附近,如箕斗井井口、地面主要通风机附近的井口、调节闸门、反风装置、防爆门等处的漏风。

(2) 内部漏风(或称为井下漏风):通过井下各种通风设施、采空区、碎裂的煤柱等的漏风。

3. 矿井漏风的危害

(1) 漏风会使工作面有效风量减少,造成瓦斯积聚,煤尘不能被带走,气温升高,形成不良的气候条件,从而降低生产效率,影响工人的身体健康。

(2) 漏风量大的通风网路,必然使通风系统复杂化,造成通风系统的稳定性、可靠性受到一定程度的影响,增加风量调节的困难。

(3) 采空区、留有浮煤的封闭巷道以及被压碎煤柱等的漏风,可能促使煤炭自然发火(自燃)。地表塌陷区风量的漏入,会将采

空区的有害气体带入井下,直接威胁着采掘工作面的安全生产。

(4) 大量漏风会引起电能的无益消耗,造成通风机设备能力的不足。如果离心式通风机漏风严重,会使电机产生过负荷现象。

(三) 防止漏风的措施

消除和减少漏风通道,降低风压差。

(1) 合理选择通风系统。

(2) 合理选择矿井开拓系统和采煤方法。服务年限长的主要风巷应开掘在岩石内;应尽量采用后退式及下行式开采顺序;用冒落法管理顶板的采煤方法应适当增加煤柱尺寸或砌石垛以杜绝采空区漏风。

(3) 为减少塌陷区和地表之间的漏风,应及时充填地面塌陷坑洞及裂隙。地表附近的小煤窑和古窑必须查明,标在巷道图上,相关的通道必须修建可靠的密闭,必要时填砂、填土或注浆。

(4) 为了减少回风井井口的漏风,对于斜井可多设几道风门并保证其工程质量,对于立井应加强井盖的密封。此外,也应防止反风装置和闸门等处的漏风。

(5) 为了减少煤仓的漏风,应使煤仓中的存煤保持一定的厚度。

(6) 往采空区注浆、洒水等,可以提高其压实程度,减少漏风。

(7) 采空区和不用的通风联络巷必须及时封闭。

(8) 保证通风设施的工程质量,通风设施不应设在有裂隙的地点,压差大的巷道中应采用质量高的通风设施。

第六节　矿井测风与风量调节

一、矿井测风

单位时间内通过井巷断面的空气体积叫作风量,它等于井巷的断面积与通过井巷风流的平均风速的乘积。因此,测量风量时必然测定风速。风速和风量测定是矿井通风测定技术中的重要组成部分,也是矿井通风管理中的基础性工作。

(一)测算风速和风量的目的

(1)检查各用风地点实际得到的风量是否满足设计要求。

(2)检查各井巷中的实际风速是否符合《煤矿安全规程》的规定。

(3)检查漏风情况。

测量风速、计算风量是矿井通风工作的基本操作技能之一,也是检查、分析、改善矿井通风工作的重要手段。

《煤矿安全规程》第140条规定:矿井必须建立测风制度,每10天至少进行1次全面测风。对采掘工作面和其他用风地点,应当根据实际需要随时测风,每次测风结果应当记录并写在测风地点的记录牌上。应当根据测风结果采取措施,进行风量调节。

(二)巷道断面上的风速分布

空气在巷道中流动时,由于空气的黏性和巷道壁面摩擦的影响,风速在巷道断面上的分布是不均匀的。一般来说,在巷道的轴心部位风速最大,而靠近巷道四周壁面风速最小。通常所说的巷道中的风速是指某个断面的平均风速。

(三)测风仪器和工具

矿井使用的测风仪器主要有机械式风速表、电子式风速仪、风速传感器、压差计和皮托管。所有的测风仪器都必须经过计量检定部门的计量检定,取得合格证后方可在煤矿中使用。机械式风速表分为叶式风速表和杯式风速表。煤矿普遍使用的是叶式风速表。

测风所需工具主要有秒表、钢卷尺、记录本、计算器等。

矿井测风方法

(四)风表测风方法

风表测风的方法有定点测风和线路测风,如

图 10-11 所示。

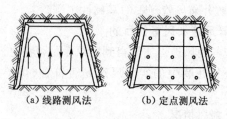

（a）线路测风法　　　（b）定点测风法

图 10-11　测风方法示意图

定点测风：巷道断面在 10 m² 以上时测 120 s，巷道断面为 4～10 m² 时测 60 s。

线路测风：风表在测风断面内按规定线路、规定时间（60～120 s）匀速移动。

二、矿井风量调节

矿井风量调节是随着矿井开采的不断延伸，为了满足采掘工作面和硐室所需风量，对矿井总风量或局部风量进行调节的工作。

（一）矿井风量相关标准及规定

按井下同时工作的最多人数计算，每人每分钟供给风量不得少于 4 m³。

矿井必须建立测风制度，每 10 天至少进行 1 次全面测风。对采掘工作面和其他用风地点，应当根据实际需要随时测风，每次测风结果应当记录并写在测风地点的记录牌上。

应当根据测风结果采取措施，进行风量调节。

（二）风量调节方法

在矿井通风网络中，风量的自然分配往往不能满足作业地点的风量需求，因而需要对风量进行调节。按其调节范围可分为矿井总风量调节与局部风量调节。

1. 矿井总风量调节

当矿井(或一翼)总风量不足或过剩时,需调节总风量,也就是调整主通风机的工况点。采取的措施是改变主通风机的工作特性,或改变矿井风网的总风阻。改变主通风机的工作特性就是改变主通风机的叶轮转速、轴流式风机叶片安装角度和离心式风机前导器叶片角度等。

2. 局部风量调节

局部风量调节是指在采区内部各工作面之间、采区之间或生产水平之间的风量调节。调节方法有增阻调节法、降阻调节法及辅助通风机调节法。

增阻调节法是通过在巷道中安设调节风窗等设施,增大巷道的局部阻力,从而降低与该巷道处于同一通路中的风量,或增大与其关联的通路上的风量。具体措施主要有设置调节风窗、临时风帘、空气幕调节装置等。这是目前使用最普遍的局部调节风量的方法。

随着矿井开采深度的不断增加,通风流程的不断延长,降低矿井通风阻力,特别是降低井巷的摩擦阻力,对减少风压损失、降低通风电耗、减少通风费用和保证矿井安全生产,都具有特别重要的意义。降阻调节法是通过在巷道中采取降阻措施,降低巷道的通风阻力,从而增大与该巷道处于同一通路中的风量,或减少与其关联的通路上的风量。具体措施主要有扩大巷道断面、降低摩擦阻力系数、清除巷道中的局部阻力物、采用并联风路、缩短风流路线的总长度等。

(1)降低摩擦风阻

a. 扩大井巷断面;

b. 采用周长较小的断面形状;

c. 缩短风流路程;

d. 因摩擦风阻与摩擦阻力系数成正比,所以要尽量采用摩擦阻力系数小的支护形式。

（2）降低局部风阻

a. 连接处过渡要平缓[见图 10-12(a)]。

b. 增大巷道拐弯处的曲率半径[见图 10-12(b)]。

c. 设置引风导风板[见图 10-12(c)]。导风板要做成圆弧形与巷道光滑连接；导风板的长度应超过交叉口一定距离，一般为 0.5~1 m。

d. 设置汇流导风板[见图 10-12(d)]。

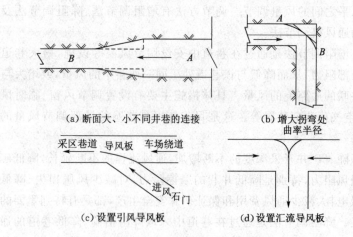

(a)断面大、小不同井巷的连接   (b)增大拐弯处曲率半径

(c)设置引风导风板   (d)设置汇流导风板

图 10-12 降低局部风阻示意图

（3）降低风阻其他注意事项

a. 避免在巷道中堆积过多杂物，不用的矿车和生产物资及时回收；

b. 及时清除巷道片帮冒顶落下的煤和矸石；

c. 煤矿设备小型化，减少对巷道空间的占用；

d. 加强巷道支护，确保巷道断面，巷道变形应及时巷修。

本章练习题

一、判断题

1. 测量高冒区瓦斯浓度时,可以采用接长胶皮管绑在竹、木棍上,伸到高冒区内进行抽气取样,由里向外逐段测量。( )

2. 抽出式通风主要通风机安装在回风井口,在抽出式主要通风机的作用下,整个矿井通风系统处在低于当地大气压力的正压状态。( )

3. 停风巷内进行瓦斯检查工作由两人共同进行。( )

4. 有煤(岩)与瓦斯(二氧化碳)突出危险的采煤工作面可以采用下行通风。( )

5. 风硐是连接主通风机和风井的一段巷道。( )

6. 为方便人员通过风桥,风桥上设有风门。( )

7. 为了保证采掘工作面风量符合规定,在采掘工作面回风侧都设有可以调节风量的设施。( )

8. 矿长、矿总工程师、爆破工、采掘区队长、通风区队长、工程技术人员、班长、流动电钳工等下井时,必须携带便携式甲烷检测报警仪。( )

9. 进风流中甲烷和二氧化碳浓度均不得超过0.5%。( )

10. 装有主要通风机的出风井口应当安装防爆门,防爆门每3个月检查维修1次。( )

11. 可以使用3台以上(含3台)的局部通风机同时向1个掘进工作面供风。( )

12. 采区回风巷、采掘工作面回风巷风流中甲烷浓度超过1.0%或者二氧化碳浓度超过1.5%时,必须停止工作,切断电源,撤出人员,进行处理。( )

13. 开采突出煤层时,工作面回风侧可以设置调节风窗。

( )

14. 定点测风,巷道断面在 10 m² 以上时测 120 s,巷道断面为 4～10 m² 时测 60 s。( )

15. 如有巷道贯通、通风系统调整必须及时进行风量测定。但是改变主要通风机风叶角度时不必进行风量测定。( )

16. 密闭内有水时,须在墙上装设 U 形放水管,利用水封防止放水管漏风。( )

17. 必须定期(每旬 1 次)对矿井风量进行全面测定。( )

18. 每轮矿井全面测风必须在 2 天内完成。( )

19. 局部通风机安设在距掘进巷道回风口不得小于 10 m,严禁循环风。( )

20. 风筒吊挂在电缆侧时,必须确保风筒与电缆之间的间距不小于 200 mm。( )

二、单项选择题

1. 停工区内甲烷或者二氧化碳浓度达到 3.0% 时,必须在( )h 内封闭完毕。

A. 12　　　　　　B. 24　　　　　　C. 36

2. 排放瓦斯过程中,排出的瓦斯与全风压风流混合处的甲烷和二氧化碳浓度均不得超过( )%。

A. 0.5　　　　　　B. 1.0　　　　　　C. 1.5

3. 采掘工作面二氧化碳浓度应当每班至少检查( )次。

A. 1　　　　　　B. 2　　　　　　C. 3

4. 硅胶颜色由蓝色变为白色或很淡的浅红色,或者( )的药品失去蓝色时,说明药品失效。

A. 1/2　　　　　　B. 1/3　　　　　　C. 1/4

5. 检查二氧化碳气体时应在巷道风流断面下部的( )处检查。

A. 1/3　　　　　　B. 1/4　　　　　　C. 1/5

6. 每轮矿井全面测风必须在（　）天内完成。

　　A. 1　　　　　　　　B. 2　　　　　　　　C. 3

7. 风桥的断面不小于原巷道断面的4/5,成流线型,坡度小于（　）。

　　A. 10°　　　　　　　B. 20°　　　　　　　C. 30°

8. 风门门框四周要有不少于（　）m的裙边。

　　A. 0.1　　　　　　　B. 0.2　　　　　　　C. 0.3

9. 风门前后（　）m内巷道支护良好,无杂物、积水、淤泥。

　　A. 4　　　　　　　　B. 5　　　　　　　　C. 10

10. 两道防突风门之间的距离不得小于（　）m。

　　A. 4　　　　　　　　B. 5　　　　　　　　C. 10

11. 密闭距离全风压巷道口不得大于（　）m。

　　A. 4　　　　　　　　B. 5　　　　　　　　C. 10

12. 行人风门之间的间距不应小于（　）m。

　　A. 4　　　　　　　　B. 5　　　　　　　　C. 10

13. 通风设施墙面要求平整,1 m² 内凸凹不大于（　）mm。

　　A. 4　　　　　　　　B. 5　　　　　　　　C. 10

14. 砌墙高度超过（　）m时,要搭脚手架,且保证安全牢靠。

　　A. 2　　　　　　　　B. 3　　　　　　　　C. 5

三、多项选择题

1. 测风时,巷道断面在 6 m² 以上时,采用（　）,6 m² 以下时,采用（　）。

　　A. 三线法　　　　　　　　B. 四线法

　　C. 五线法　　　　　　　　D. 六线法

2. 同一断面测风时,其测量次数不得少于（　）次,误差不得超过（　）。

　　A. 2次　　　　　　　　　B. 3次

　　C. 5%　　　　　　　　　D. 7%

3. 局部风量调节方法有(　　)。

A. 主通风机调节法　　　　B. 辅助通风机调节法

C. 增阻调节法　　　　　　D. 降阻调节法

4. 使用局部通风机通风的掘进工作面,因检修、停电、故障等原因停风时,必须将人员全部撤至全风压进风流处,(　　)。

A. 切断电源　　　　　　　B. 设置栅栏

C. 警示标志　　　　　　　D. 禁止人员入内

5. 降低摩擦风阻采用的方法主要有(　　)。

A. 扩大井巷断面

B. 采用周长较小的断面形状

C. 缩短风流路程

D. 尽量采用摩擦阻力系数小的支护形式

6. 压入式局部通风机和启动装置的安装必须符合(　　)规定。

A. 必须安装在进风巷道中

B. 距掘进巷道回风口不得小于 10 m

C. 全风压供给该处的风量必须大于局部通风机的吸入风量

D. 局部通风机安装地点到回风口间的巷道中的最低风速必须符合《煤矿安全规程》的有关规定

❀❀❀❀❀ 练习题答案 ❀❀❀❀❀

一、判断题

1. ✕　2. ✕　3. √　4. ✕　5. √　6. ✕　7. ✕　8. √

9. √　10. ✕　11. ✕　12. √　13. ✕　14. √　15. ✕

16. √　17. √　18. √　19. √　20. ✕

二、单项选择题

1. B　2. C　3. B　4. A　5. C　6. B　7. C　8. A　9. B

10．A　11．B　12．B　13．C　14．A
三、多项选择题
1．BD　2．BC　3．BCD　4．ABCD　5．ABCD　6．ABCD

第十一章　矿井瓦斯防治

　　煤矿瓦斯爆炸、煤与瓦斯突出等瓦斯事故多发,已成为影响我国煤矿安全生产的最主要因素。做好煤矿瓦斯防治工作,是做好煤矿安全生产工作的关键。

　　原国家煤矿安全监察局在总结瓦斯治理经验的基础上,提出了瓦斯综合治理十二字方针,即"先抽后采,监测监控,以风定产",从而确定了瓦斯治理工作的指导思想和工作方法。瓦斯综合治理工作体系应通风可靠、抽采达标、监控有效、管理到位。

第一节　煤矿瓦斯"零超限"目标管理

　　为进一步强化煤矿瓦斯"零超限"目标管理,倒逼瓦斯综合防治措施落实,坚决防范和遏制瓦斯事故,《国家矿山安全监察局关于进一步落实煤矿瓦斯"零超限"目标管理的通知》(矿安〔2021〕9号)提出以下几点要求。

一、强化瓦斯"零超限"目标管理

　　煤矿企业应当牢固树立"瓦斯可防可控""瓦斯超限就是事故""防超限就是防事故"的理念,进一步健全完善瓦斯"零超限"和煤层"零突出"目标管理制度,严格制度落实;从地质、通风、抽采、监控、技术管理和现场管理等方面分析、查找瓦斯超限原因并制定有效措施,强化瓦斯综合防治措施落实;建立健全瓦斯超限应急预案,发生瓦斯超限时,必须按规定立即停止作业、停电撤人,分析原因、采取措施并追究责任,并定期开展瓦斯超限撤人演练。煤与瓦斯突出和按突出煤层管理的矿井应当严格落实两个"四位一体"综合防突措施和过程管控,严禁违规以顺层抽采代替穿层抽采,以局部措施代替区域措施;建立完善突出预警机制,发现瓦斯涌出异常、超限,以及喷孔、顶钻等动力现象时,必须立即停止作业、停电撤人、分析原因并采取有效治理措施。

二、超前防范瓦斯超限

要督促煤矿企业严格瓦斯地质管理,强化瓦斯基础参数测定和地质预报探查,切实提升地质保障水平。严格生产设计和生产组织,规范采掘部署和接续,切实为瓦斯治理提供技术、时间、空间保障。加大瓦斯综合治理资金投入,切实提升瓦斯抽采系统、通风系统、安全监控系统、钻孔施工等装备能力水平,确保通风可靠、抽采达标、监控有效、管理到位。严格落实瓦斯检查制度,加强突出煤层揭煤、钻孔施工、巷道贯通、瓦斯排放、局扇通风和回风隅角等关键环节、关键地点的现场管理,切实降低瓦斯超限风险。

三、完善监测监控系统建设和运行管理

各地区有关部门和中央企业要加快推进煤矿安全监控系统升级改造,已完成升级改造的矿井要严格按照《煤矿安全监控系统升级改造验收规范》组织验收,新建、改扩建矿井投产前和长期停工停产矿井复工复产前安全监控系统必须通过验收。煤矿企业应当加强安全监控系统日常运行维护,确保运行正常、联网稳定、数据准确,传感器位置设置、调校测试、数据上传以及报警、断电、复电浓度和断电范围设置等要符合标准要求。煤矿安全监控系统显示和控制终端必须设在矿调度室,全面反映监控信息,24小时有监

控人员值班。建立完善监测报警应急处置制度，监测监控值班人员接到预警、报警、断电等异常信息后，应立即通知有关人员按规定停止作业、停电撤人，采取措施、进行处理，处理过程和结果应当记录备案。各级煤矿安全监管监察部门、煤矿企业要进一步做好国家煤矿安全生产风险监测预警系统的信息上传工作。瓦斯超限后，企业应当及时录入超限原因分析和处理措施。

四、严格瓦斯超限监管监察

各级煤矿安全监管监察部门要加强对煤矿企业瓦斯治理责任、资金投入、治理措施落实和瓦斯超限处置及责任追究等方面的监管监察，依据《煤矿安全规程》和企业生产实际，进一步界定瓦斯超限情形，督促煤矿企业落实瓦斯"零超限"目标管理。

第二节　煤与瓦斯突出防治

一、区域和局部综合防突措施

（一）煤矿防突工作原则

《防治煤与瓦斯突出细则》总则中，提出了防突工作的原则，并明确规定了防突工作的基本原则、采掘作业时的防突原则、区域防突的指导思想、发生突出时的处置原则。

区域和局部综合防突措施（简称两个"四位一体"）是防治煤与瓦斯突出的基本手段和核心内容。有突出矿井的煤矿企业、突出矿井应当依据该细则，结合矿井开采条件，制定、实施区域和局部综合防突措施。突出矿井应当加强区域和局部综合防突措施实施过程的安全管理和质量管控，确保质量可靠、过程可溯。

防突工作必须坚持"区域综合防突措施先行、局部综合防突措施补充"的原则，按照"一矿一策、一面一策"的要求，实现"先抽后建、先抽后掘、先抽后采、预抽达标"。突出煤层必须采取两个"四位一体"综合防突措施,做到多措并举、可保必保、应抽尽抽、效果达标,否则严禁采掘活动。

在采掘生产和综合防突措施实施过程中,发现有喷孔、顶钻等明显突出预兆或者发生突出的区域,必须采取或者继续执行区域防突措施。

突出矿井发生突出的必须立即停产,并分析查找原因;在强化实施综合防突措施、消除突出隐患后,方可恢复生产。

非突出矿井首次发生突出的必须立即停产,按该细则的要求建立防突机构和管理制度,完善安全设施和安全生产系统,配备安全装备,实施两个"四位一体"综合防突措施并达到效果后,方可恢复生产。

区域综合防突措施的作用是消除煤层某一较大区域(如一个采区)的突出危险性,其优点是在突出煤层开采前,预先采取防突措施;局部综合防突措施的作用是使工作面前方小范围煤体失去突出危险性,仅在预测有突出危险的采掘工作面应用。

(二) 区域综合防突措施

区域防突措施是指在突出煤层进行采掘前,对突出煤层较大范围采取的防突措施。就目前的技术状况看,区域防突措施只有开采保护层和预抽煤层瓦斯两大类。区域综合防突措施包括区域突出危险性预测、区域防突措施、区域防突措施效果检验、区域验证四项内容,通称为区域"四位一体"综合防突措施。在实施过程中,区域"四位一体"综合防突措施所包括的四项内容并非一定都要实施,但区域验证是必须实施的。

(三) 局部综合防突措施

局部综合防突措施中的"局部"与区域综合防突措施中的"区域"相对应,其内容包括工作面突出危险性预测、工作面防突措施、工作面防突措施效果检验、安全防护措施四项内容,通称为局部

"四位一体"综合防突措施。在实施过程中,局部"四位一体"综合防突措施所包括的四项内容并非一定都要实施,但其中工作面安全防护措施是必须实施的。

二、揭煤作业综合防突措施

(1) 井巷揭开突出煤层前,必须掌握煤层层位、赋存参数、地质构造等情况。

在揭煤工作面掘进至距煤层最小法向距离 10 m 之前,应当至少打 2 个穿透煤层全厚且进入顶(底)板不小于 0.5 m 的前探取芯孔,并详细记录岩芯资料,掌握煤层赋存条件、地质构造等。当要测定瓦斯压力时,前探钻孔可用作测定钻孔;若前探钻孔和测定钻孔不能共用时,必须在最小法向距离 7 m 前施工 2 个瓦斯压力测定钻孔,且应当布置在与该区域其他钻孔见煤点间距最大的位置。

在地质构造复杂、岩石破碎的区域,揭煤工作面掘进至距煤层最小法向距离 20 m 之前必须布置一定数量的前探钻孔,也可用物探等手段探测煤层的层位、赋存形态和底(顶)板岩石致密性等情况。

(2) 揭煤作业包括从距突出煤层底(顶)板的最小法向距离 5 m 开始到穿过煤层进入顶(底)板 2 m(最小法向距离)的全过程,应当采取局部综合防突措施。在距煤层底(顶)板最小法向距离 2~5 m 范围,掘进工作面应当采用远距离爆破。揭煤作业前应编制揭煤专项防突设计,报煤矿技术负责人批准。

揭煤作业应当按照下列作业程序进行:

① 探明揭煤工作面和煤层的相对位置;

② 在与煤层保持适当距离的位置进行工作面预测(或区域验证);

③ 工作面预测(或区域验证)有突出危险时,采取工作面防突

措施；

④ 实施工作面防突措施效果检验；

⑤ 采用工作面预测方法进行揭煤验证；

⑥ 采取安全防护措施并用远距离爆破揭开或穿过煤层。

（3）井巷揭煤工作面的突出危险性预测必须在距突出煤层最小法向距离 5 m 前进行，地质构造复杂、岩石破碎的区域应当适当加大法向距离。

（4）井巷揭煤作业期间必须采取安全防护措施，加强煤层段及煤岩交接处的巷道支护。井巷揭煤工作面从距煤层法向距离 2 m 至进入顶（底）板 2 m 的范围，均应当采用远距离爆破掘进工艺。

禁止使用震动爆破揭开突出煤层。

（5）揭煤巷道全部或者部分在煤层中掘进期间，还应当按照煤巷掘进工作面的要求连续进行工作面预测，并且根据煤层赋存状况分别在位于巷道轮廓线上方和下方的煤层中至少增加 1 个预测钻孔，当预测有突出危险时，应当按照煤巷掘进工作面的要求实施防突措施。

（6）根据超前探测结果，当井巷揭穿厚度小于 0.3 m 的突出煤层时，可在采取安全防护措施的条件下，直接采用远距离爆破方式揭穿煤层。

三、煤与瓦斯突出事故现场处置与应急避灾

（一）煤与瓦斯突出的预兆

典型的瓦斯突出预兆分为有声预兆和无声预兆。有声预兆主要包括响煤炮声（机枪声、闷雷声、劈裂声），打钻喷煤、喷瓦斯等；无声预兆主要包括煤层结构变化，煤壁外鼓、掉渣等，瓦斯涌出量增大或忽大忽小，煤尘增大，煤壁温度降低、挂汗等。

典型突出预兆中，喷孔、顶钻属于明显突出预兆，发现有喷孔、

顶钻等明显突出预兆的区域,必须采取或继续执行区域防突措施。

(二) 煤与瓦斯突出事故现场处置

1. 处理煤与瓦斯突出事故应遵循的原则

(1) 远距离切断灾区和受影响区域的电源,防止产生电火花引起瓦斯爆炸。在灾区内,要加强通风,对电气设备做到"送电的设备不停电,停电的设备不送电"。

(2) 尽快撤出灾区和受威胁区的人员。

(3) 派救护队员进入灾区探查情况,抢救遇险人员,详细向救灾指挥部汇报。

(4) 发生突出事故后,不得停风和反风,尽快制定恢复通风系统的安全措施。技术人员应做好明确分工,有条不紊;救人本着"先外后里、先明后暗、先活后死"的原则。

(5) 认真分析和观测是否有二次突出的可能,采取相应的防护措施。

(6) 突出造成巷道破坏严重、范围较大、恢复困难时,抢救人员后,要对灾区进行封闭。

(7) 煤与瓦斯突出造成火灾或瓦斯爆炸的,按火灾或爆炸事故处理。

2. 煤与瓦斯突出事故的应急处理

(1) 在矿井通风系统未遭到严重破坏的情况下,原则上保持现有通风系统,保证主要通风机的正常运转。

(2) 发生煤(岩)与瓦斯突出时,对充满瓦斯的主要巷道应加强通风管理,防止风流逆转,复建通风系统,恢复正常通风。按规定将高浓度瓦斯直接引入回风道中排出矿井。

(3) 根据灾区情况迅速抢救遇险人员,在抢险救援过程中注意突出预兆,防止再次突出造成事故扩大。

(4) 要慎重处置灾区和受影响区域的电源,断电作业应在远距离进行,以防止产生电火花引起爆炸。

（5）灾区内不准随意启闭电气设备开关，不要扭动矿灯和灯盖，严密监视原有的火区，查清突出后是否出现新火源，并加以控制，防止引爆瓦斯。

（6）综掘、综采、炮采工作面发生突出时，施工人员佩戴好隔离式自救器或就近躲入压风自救袋内，打开压风并迅速佩戴好隔离式自救器，按避灾路线撤出灾区后，由当班班组长或瓦斯检查工及时向矿调度室汇报，调度室通知受灾害影响范围内的所有人员撤离。炮掘工作面发生突出时，施工人员（包括瓦斯检查工）应迅速进入避难硐室并及时向矿调度室汇报，等待撤退命令；瓦斯检查工在硐室内利用瓦斯检定器辅助管测量巷道的瓦斯浓度，每半小时向调度室汇报一次；待瓦斯浓度下降至3％以下，接到调度室通知后，方可组织施工人员佩戴自救器沿着避灾路线撤到安全地带。

（7）制定并严格执行排放瓦斯措施，以防事故再生和扩大。

3. 处理煤与瓦斯突出事故时的行动原则

一般小型突出，瓦斯涌出量不大，亦未引起火灾，除局部灾区由救护队处理外，在通风正常区内矿井通风安全人员可参与抢救工作。但大型、特大型突出或瓦斯涌出量大、灾区范围广或发生火灾时，应通知附近救护队迅速赶赴现场，协助抢救工作。

（三）煤与瓦斯突出事故时的井下避灾与逃生

煤与瓦斯突出事故的突出强度有几十吨、几百吨、几千吨乃至上万吨，突出的瓦斯量也有几万、几十万甚至几百万立方米。这些突出的煤与瓦斯，有的造成回风巷堵塞、矿井逆风，有的造成人员窒息和瓦斯爆炸、火灾事故，危害极大。矿井一旦发现突出预兆，人员要立即撤出，来不及撤离的人员要迅速避灾。

1. 发现突出预兆时的避灾自救方法

（1）井下人员在采煤工作面发现突出预兆时，要以最快速度通知人员迅速向进风侧撤离。撤离中快速打开自救器并佩戴好，迎着新鲜风流继续外撤。如果距离新鲜风流太远，应先到压风自救硐室等避难场所避灾。

（2）掘进工作面发现突出预兆时，必须向外迅速撤至防突反向风门之外，把防突风门关好，然后继续外撤。

（3）在突出矿井的采掘工作面附近，应设避难所或急救袋。井下人员在遇到突出预兆时，如自救器发生故障或佩戴自救器不能安全到达新鲜风流时，应在撤出途中到避难所或利用急救袋进行自救，等待救护队援救。

（4）有些矿井出现突出的某些预兆但并未立即发生突出，这就是所谓的延期突出。延期突出容易使人产生麻痹，危害更大。对此，千万不能粗心大意，必须随时提高警惕。矿井如果突然发生煤与瓦斯延期突出，常会造成多人遇难。因此，遇到突出预兆必须立即撤出并佩戴好自救器，千万不要犹豫不决。在石门揭开煤层前或在生产中发现突出预兆时，都要按防突措施把人员撤到安全地点。

2. 发生突出时的避灾自救方法

矿井发生突出事故后，现场人员必须正确进行避灾，设法自救和互救。

（1）在有突出危险的矿井，井下人员要把自救器带在身上，一旦发生突出事故，立即打开外壳佩戴好、迅速外撤。

（2）在撤退途中，如果退路被堵，可到专门设置的井下避难所暂避。也可寻找有压缩空气管路或铁风管的巷道、硐室躲避。这时要把管子的螺丝接头卸开，形成正压通风，以延长避难时间，并设法与外界保持联系。

（3）瓦斯突出事故波及范围比较大，如果灾区停电无被水淹的危险，应远距离切断电源。严禁任何人在瓦斯超限有爆炸危险的现场停、送电，防止产生电火花引起爆炸。如果灾区停电有被水淹危险，应加强通风，特别要加强电气设备处的通风，做到运转的设备不停电、停电的设备不送电。

（4）在灾情之外的人员发现突出事故发生,要通过电话或其他通信方式向领导或调度室报告发生事故的时间、地点、人员情况及其他情况,阻止不佩戴防护装备的人员进入灾区。对灾区内距离新鲜风流近的人员进行抢救时,必须佩戴隔离式自救器。

突出时避灾自救的安全口诀

瓦斯突出显预兆,赶快撤人并汇报。

戴好隔离自救器,防护眼镜也戴牢。

迎着新风向外撤,沉着迅速井口跑。

无法撤离进硐室,隔离门要紧关闭。

打开硐室压风管,戴好头盔好供气。

节约用灯和食物,硐口明显做标记。

敲打金属发响声,呼救人员来这里。

第三节　瓦斯抽采

煤矿瓦斯抽采系统是近年来建设发展较快的安全生产系统,涉及采掘、机电、运输、通风、地测等多个专业。而瓦斯抽采随着矿井的延伸和深度开发,工作量逐步增大,要求细致且有很强的技术性,搞好瓦斯抽采管理至关重要。

《煤矿安全规程》第 181 条规定:突出矿井必须建立地面永久抽采瓦斯系统。有下列情况之一的矿井,必须建立地面永久抽采瓦斯系统或者井下临时抽采瓦斯系统:

（1）任一采煤工作面的瓦斯涌出量大于 5 m^3/min 或者任一掘进工作面瓦斯涌出量大于 3 m^3/min,用通风方法解决瓦斯问题不合理的。

（2）矿井绝对瓦斯涌出量达到下列条件的:大于或者等于 40 m^3/min;年产量 1.0~1.5 Mt 的矿井,大于 30 m^3/min;年产量

$0.6\sim1.0$ Mt 的矿井,大于 25 m³/min;年产量 $0.4\sim0.6$ Mt 的矿井,大于 20 m³/min;年产量小于或者等于 0.4 Mt 的矿井,大于 15 m³/min。

一、瓦斯抽采设备设施管理与维护

煤矿瓦斯抽采设备中主要涉及瓦斯抽采泵站、管路及附属设施、计量装置、安全防护设施及钻孔施工设备等。

（一）瓦斯抽采泵站管理

瓦斯抽采泵站是安装瓦斯抽采泵的地点,泵站是瓦斯抽采系统的重要组成部分,其安全管理必须符合《煤矿安全规程》对瓦斯抽采系统的要求。

（1）地面固定瓦斯抽采泵站的设施必须符合下列要求:

① 地面泵房必须用不燃性材料建筑,并必须有防雷电装置,其距进风井口和主要建筑物不得小于 50 m,并用栅栏或者围墙保护。

② 地面泵房和泵房周围 20 m 范围内,禁止堆积易燃物和有明火。

③ 抽采瓦斯泵及其附属设备,至少应当有 1 套备用,备用泵能力不得小于运行泵中最大一台单泵的能力。

④ 地面泵房内电气、照明设备和其他电气仪表都应当是矿用防爆型;否则必须采取安全措施。

⑤ 泵房必须有直通矿调度室的电话和检测管道瓦斯浓度、流量、压力等参数的仪表或者自动监测系统。

⑥ 干式抽采瓦斯泵吸气侧管路系统中,必须装设有防回火、防回流和防爆炸作用的安全装置,并定期检查。抽采瓦斯泵站放空管的高度应当超过泵房房顶 3 m。

泵房必须有专人值班,经常检测各参数,做好记录。当抽采瓦斯泵停止运转时,必须立即向矿调度室报告。如果利用瓦斯,在瓦斯泵停止运转后和恢复运转前,必须通知使用瓦斯的单位,取得同意后,方可供应瓦斯。

(2) 井下临时抽采瓦斯泵站设置时,必须遵守下列规定:

① 临时抽采瓦斯泵站应当安设在抽采瓦斯地点附近的新鲜风流中。

② 抽出的瓦斯可引排到地面、总回风巷、一翼回风巷或者分区回风巷,但必须保证稀释后风流中的瓦斯浓度不超限。

③ 抽出的瓦斯排入回风巷时,在排瓦斯管路出口必须设置栅栏、悬挂警戒牌等。栅栏设置的位置是上风侧距管路出口 5 m、下风侧距管路出口 30 m,两栅栏间禁止任何作业。

(二) 抽采管道的管理与维护

(1) 抽采孔、支管路都应设置阀门、放水器和观测瓦斯、负压和流量的装置。

(2) 布置在采煤工作面的抽采钻孔,必须在抽采瓦斯前连接好。本煤层抽采瓦斯钻孔,应及时封孔合茬,进行抽采。

(3) 瓦斯钻孔或高抽巷瓦斯管路拆除后,必须采用闷盘闷实或关闭阀门,以防止瓦斯外泄。

(4) 必须经常清理和润滑抽采瓦斯管道的阀门,以确保阀门使用灵活。

(5) 未经批准,任何人不得调整主干管道的抽采负压。

(6) 抽采系统及设施要定期进行全面检查,发现漏气、断管、埋管、积水等问题时,应立即汇报,并采取措施进行处理。

(7) 任何单位和个人不得私自延接、拆除抽采管道,必须在防突区专业管子工带领下拆除、延接抽采管道。

(8) 任何单位和个人施工中不得人为破坏抽采管道,一经发现严肃追查处罚。

(9) 抽采管道一旦有漏气、变形严重或被破坏等情况,任何单位和个人发现后应立即汇报矿调度室、防突区,以利于及时安排专业管子工进行处理。

（三）钻机的管理与维护

（1）各种类型钻机的维修与保养按说明书进行，并建立班保、周保、月保制度。

（2）不得在无人照管的情况下运转钻机，钻机任何部位出现故障时都应立即停机检查。

（3）在每班开车前应擦拭干净钻机外露的转动与滑动表面，并涂一层机械油。应保养好注油部位。长时间不用钻机时，应清扫所有外露表面，并将各运转部位表面涂上黄油，机械外壳应涂上防腐油。

（4）经常检查各油箱的油位，保持油量适宜，油质要清洁无杂质，并按规定更换新油。

（5）所有罩子和防尘盖要保持完整和齐全，钻杆螺纹部分、各种接头应经常用刷子清扫，并涂适量黄油。

（6）钻机搬迁时，应将所有外露管口用丝、接头盖或棉纱堵好，防止灰尘进入或油液外漏。

（四）抽采组织机构与职责

（1）煤矿要建立瓦斯抽采机构，由总工程师分管，形成矿、区、队三级组织架构，负责瓦斯抽采工程施工和日常管理工作。所有人员必须通过培训合格后方可上岗。

（2）瓦斯抽采泵房纳入煤矿大型设备管理范畴，有专设的检修维护队（组），负责定期巡视检查，计划检修，日常维护工作。

（3）井下按抽采设备类别和区域不同设检修维护队（组），负责采区主管和分支管路上安设瓦斯流量、浓度、负压、一氧化碳等检测装置，有专人定期巡回检测，准确掌握不同地点的抽采状况，并配专人负责管路放水和维护，处理管路积水和漏气，保证管路畅通无阻。

（4）设专人负责抽采各参数的测定验核，以便确定合理的抽采参数、设置钻孔位置及尺寸,保证抽采效果。

(5) 抽采泵司机及维护人员纳入特殊工种,由上级资质部门统一培训、考核发证。机房司机及维护人员要熟悉瓦斯抽采的有关规定,掌握抽采泵、电控、监测仪表的用途及操作程序。

二、瓦斯抽采系统标准化

(一)《煤矿安全生产标准化管理体系基本要求及评分方法(试行)》(2020版)对瓦斯抽采基本要求

(1) 瓦斯抽采设施、抽采泵站符合《煤矿安全规程》要求。

(2) 编制瓦斯抽采工程(包括钻场、钻孔、管路、抽采巷等)设计,并按设计施工。

(3) 对瓦斯抽采系统的瓦斯浓度、压力、流量等参数实时监测,定期人工检测比对,泵站每2h至少1次,主干、支管及抽采钻场每周至少1次,根据实际测定情况对抽采系统进行及时调节。

(4) 井上下敷设的瓦斯管路,不得与带电物体接触并应当有防止砸坏管路的措施;每10天至少检查1次抽采管路系统,并有记录;抽采管路无破损、无漏气、无积水,抽采管路离地面高度不小于0.3m(采空区留管除外)。

(5) 抽采钻场及钻孔设置管理牌板,数据填写及时、准确,有记录和台账。

(6) 高瓦斯、煤与瓦斯突出矿井及时进行瓦斯抽采达标评判,保持抽采达标煤量符合准备煤量、回采煤量的可采期要求。

(7) 矿井瓦斯抽采率符合《煤矿瓦斯抽采达标暂行规定》要求。

(二) 瓦斯抽采"三化一工程"

为进一步提高河南省煤矿瓦斯防治工作水平,2020年4月21日至24日,河南煤矿安全监察局在焦作召开全省煤矿瓦斯抽采"三化一工程"现场座谈会。会议强调,要深入学习贯彻习近平总

书记关于安全生产的重要指示批示精神,牢固树立红线意识,聚焦
化解重大风险、消除重大隐患,把"三化一工程"(打钻视频化、抽采
标准化、计量精准化、一个钻孔一个工程)作为防治瓦斯事故的治
本性工程来抓,持续加强瓦斯抽采示范区域建设,实现煤层零突
出、瓦斯零事故,确保河南省煤矿安全生产形势持续稳定向好。会
议要求,精准施策,严格执行《防治煤与瓦斯突出细则》和河南省煤
矿瓦斯防治"三个十条"和"32条措施",坚持开采保护层和底板岩
石巷道穿层钻孔预抽瓦斯的区域防突措施不动摇,推进瓦斯抽采
新施工地区在更高标准、更细管理、更先进技术应用的基础上,深
化瓦斯抽采"三化一工程"建设。

三、矿井抽采瓦斯利用

煤层瓦斯是一种清洁能源,对其进行开发利用可有效缓解我
国天然气供应量不足的局面。全国政协委员、中国矿业大学(北
京)原副校长姜耀东认为,加快煤层气(煤矿瓦斯)抽采利用,对于
提高煤矿安全生产水平,增加清洁能源供应,减少温室气体排放,
实现碳达峰、碳中和意义重大。他建议:"十四五"期间应继续落实
对煤层气(瓦斯)开采的中央财政补贴;有关部门应尽快出台相关
政策法规将煤层气利用量纳入全国碳排放交易市场,以市场化机
制推进煤层气抽采利用;出台政策对相关技术难题进行科研攻关,
提高煤矿瓦斯抽采利用率,减少温室气体排放。

煤矿瓦斯利用途径主要有民用和工业炉窑燃料、瓦斯发电等。

(一) 民用和工业燃料

矿井瓦斯作为民用和工业燃料是最优的利用途径,有较好的
经济效益。山西阳泉、晋城等矿区民用瓦斯得到广泛应用。阳泉
矿区矿井瓦斯抽采居全国之首,民用瓦斯利用已有40多年的历
史。矿井瓦斯抽采浓度低,不利于远距离输送,就近建设瓦斯管网
和储气罐,作为当地居民燃料和工矿企业燃料是瓦斯利用的首选。

(二) 瓦斯发电

随着高瓦斯和煤与瓦斯突出矿井逐年增加,抽采瓦斯矿井逐年增多。进入 21 世纪以来,国内煤矿抽采瓦斯发电成为瓦斯利用主流。

1. 中高浓度瓦斯发电

中高浓度瓦斯发电是指瓦斯浓度大于 30% 以上矿井抽采瓦斯发电。

应用案例:晋城煤业集团寺河煤矿 120 MW 瓦斯发电项目。

该项目是世界上装机容量最大瓦斯发电项目,利用亚行银行贷款,引进美国卡特彼勒公司装机容量单机 1 800 kW 内燃发电机组 60 台,装机总容量 108 MW,共分 4 个单元,每单元 15 台机组,配 3 台 5.625 t/h 余热锅炉和 1 台 3 MW 汽轮发电机组,形成整体循环发电系统,电厂装机总容量 120 MW。

2. 低浓度瓦斯发电

低浓度瓦斯发电是瓦斯浓度为 5%～25% 的发电技术,2004 年国内燃气发电企业相继开发出低浓度瓦斯发电机组,解决了甲烷吸附调变、专用防爆装置、瓦斯掺混控制、燃气空气混合等技术难题。为防止低浓度瓦斯输送发生爆炸事故,成功开发了瓦斯与细水雾混合输送技术,低浓度瓦斯发电机组在全国得以迅速推广和应用。

低浓度瓦斯发电案例:山西西山煤电东曲煤矿低浓度瓦斯发电项目。

东曲煤矿:矿井生产能力 $400 \times 10^4/a$,矿井采用平硐—斜井开拓方式,倾斜长壁综合机械化采煤法开采,为高瓦斯矿井。主采煤层为山西组 2 号、4 号煤层和太原组 8 号、9 号煤层。煤层瓦斯平均含量为 10 m^3/t 左右。因矿井抽采瓦斯浓度在 5%～15% 之间。矿井建设有地面瓦斯抽采系统。矿井设计建设了低浓度瓦斯发电站,取得较好经济效益。

第四节　瓦斯爆炸及其预防

一、瓦斯爆炸条件及影响因素

瓦斯爆炸就是瓦斯在高温火源的作用下,与空气中的氧气发生剧烈的化学反应,生成二氧化碳和水蒸气,同时产生大量有害气体。

1. 瓦斯爆炸的条件

瓦斯爆炸必须同时具备三个必要条件:一是一定的瓦斯浓度5%～16%;二是一定的引火温度,一般为650～750 ℃;三是有足够的氧气,氧气浓度不低于12%。需要说明的是瓦斯爆炸的三个必要条件必须同时具备,缺一不可。

2. 影响瓦斯爆炸的因素

瓦斯爆炸界限并不是固定不变的,其变化同混合气体中其他可燃气体、煤尘、惰性气体的多少及混合气体所在环境温度的高低、压力大小等因素有关。

(1) 其他气体的掺入:多种可燃气体、可爆气体混入,增加了爆炸性混合气体的浓度,使瓦斯爆炸界限扩大,即瓦斯的爆炸下限降低(瓦斯浓度低于5%)、爆炸上限增高(瓦斯浓度高于16%),瓦斯混合气体都可能发生爆炸。

(2) 煤尘掺入:煤尘能燃烧,有的本身还具有爆炸危险性;同时,当温度在300～400 ℃之间时,煤尘中还能够挥发出可燃气体。因此,煤尘混入瓦斯和空气的混合气体中,也会使瓦斯的爆炸下限降低,爆炸的危险性增加。

(3) 初始温度:温度是热能的体现,初始温度高说明具有的热能大。瓦斯和空气混合气体爆炸时的初始温度高低影响瓦斯的爆炸界限。实验证明,初始温度越高,瓦斯爆炸浓度范围越大(即瓦斯爆炸上限上升、爆炸下限下降)。

(4) 初始压力:压力本身就是能量,瓦斯和空气混合气体爆炸时的初始压力大小影响瓦斯的爆炸界限。实验表明,初始压力越大,瓦斯爆炸浓度范围越大(即瓦斯爆炸上限上升,爆炸下限下降)。

(5) 点燃源能量的影响:瓦斯爆炸的最小点燃能量为 0.28 mJ,如遇明火、煤炭自燃、撞击火花、电火花等,很容易引发瓦斯爆炸。在煤矿开采过程中,对一些不可避免的火源有时需要采取特殊技术,使其不能满足引爆瓦斯的点火条件。

二、瓦斯爆炸防治技术

防治瓦斯爆炸应从瓦斯爆炸的三个必要条件入手,即防止瓦斯积聚,防止瓦斯引燃,防止瓦斯灾害事故扩大。

(一) 防止瓦斯积聚

在矿井下的采掘工作面及其他地点,体积大于 0.5 m³ 的空间内,瓦斯浓度达到或超过 2% 的现象就是瓦斯积聚,瓦斯积聚是造成瓦斯爆炸的根源。防止瓦斯积聚的基本方法如下所列。

1. 加强通风

加强通风是为了有效、连续、稳定地向井下各用风地点供给适量的新鲜风流,用足够的新鲜空气把瓦斯稀释到《煤矿安全规程》允许的浓度。

通风是防止瓦斯积聚的主要措施之一。建立一个完善、合理的矿井通风系统,加强通风管理,做到有效、稳定、可靠、连续不断地向井下所有用风地点输送足量的新鲜空气,以保证及时排除和冲淡矿井瓦斯和粉尘,使井下各处的瓦斯浓度符合《煤矿安全规程》的要求,是防止矿井发生瓦斯爆炸事故的可靠保证。

2. 加强检查

《煤矿安全规程》第180条规定,矿井必须建立甲烷、二氧化碳

和其他有害气体检查制度,并遵守下列规定:

(1) 矿长、矿总工程师、爆破工、采掘区队长、通风区队长、工程技术人员、班长、流动电钳工等下井时,必须携带便携式甲烷检测报警仪。瓦斯检查工必须携带便携式光学甲烷检测仪和便携式甲烷检测报警仪。安全监测工必须携带便携式甲烷检测报警仪。

(2) 所有采掘工作面、硐室、使用中的机电设备的设置地点、有人员作业的地点都应当纳入检查范围。

(3) 瓦斯检查工必须执行瓦斯巡回检查制度和请示报告制度,并认真填写瓦斯检查班报。每次检查结果必须记入瓦斯检查班报手册和检查地点的记录牌上,并通知现场工作人员。甲烷浓度超过《煤矿安全规程》规定时,瓦斯检查工有权责令现场人员停止工作,并撤到安全地点。

(4) 通风值班人员必须审阅瓦斯班报,掌握瓦斯变化情况,发现问题,及时处理,并向矿调度室汇报。

通风瓦斯日报必须送矿长、矿总工程师审阅,一矿多井的矿必须同时送井长、井技术负责人审阅。对重大的通风、瓦斯问题,应当制定措施,进行处理。

3. 及时处理局部积聚的瓦斯

生产中瓦斯容易积聚的地点有:采煤工作面的上隅角(回风隅角)和采空区边界,顶板冒落的空硐内,低风速巷道的顶板附近以及停风的盲巷中。及时处理这些地区局部积聚的瓦斯,是预防瓦斯爆炸的主要措施之一,也是日常瓦斯管理工作的重要内容。

(1) 采煤工作面上隅角(回风隅角)瓦斯积聚的处理

a. 挂风障引风法:在工作面支柱或支架上悬挂风帘或帆布风障等阻挡风流的物品,改变工作面风流流动路线,以增大向回风隅角的供风。

b. 风筒导排法:在回风巷道内布置铁风筒和专门的排放管路引排回风隅角积聚的瓦斯。使用该方法在排放风流的管路内必须保证没有点燃瓦斯的可能,且对引排风筒内的瓦斯浓度加以限制,一般小于 3%。

c. 压风排除法:利用局部通风机向工作面供风,以促使回风隅角处的风流流入风筒中。

d. 充填置换法:将砂土等惰性物质充填到采空区内,以消除瓦斯积聚的空间。

(2) 巷道顶板附近瓦斯层状积聚处理

瓦斯层状积聚是巷道内风速小于 1 m/s 时,瓦斯悬浮于巷道顶板附近,形成一个比较稳定的带状瓦斯层,可在不同形式支护和任意断面中形成。

防止和消除巷道顶板附近瓦斯层状积聚的主要方法是:增加巷道内的风速;增大巷道顶板附近的风速;用旋流风筒处理积聚的瓦斯;封闭隔绝瓦斯源。

(3) 顶板冒落空硐积聚瓦斯处理

在巷道或采煤工作面发生冒顶,其顶部形成空硐(冒高)时,由于冒顶处通风不良,往往积存着高浓度的瓦斯。对该处积聚瓦斯的处理方法一般有两种,一种是充填空硐法;另一种是风流吹散法。

顶板冒落空硐
积聚瓦斯
处理方法

(4) 巷道积聚瓦斯的处理

长期停掘的巷道,在其巷道口已构筑了密闭墙,内部积聚的瓦斯较多。在排除巷道内积聚的瓦斯前需安装风机和风筒。排除这类巷道积存的瓦斯,通常采用分段排放法。

a. 检查密闭墙外瓦斯是否超限,若超限就启动风机吹散稀释;若不超限,就在密闭墙上角开两个洞,随之开启风机吹风。开始时,风筒不要正对密闭墙吹,要视吹出的瓦斯浓度高低进行风向控制。

b. 密闭拆除后,瓦斯检查工和其他工作人员进入巷道检查瓦斯,随后延长风筒排除瓦斯。在巷道中风筒出口附近瓦斯浓度降至界限之下时,可将风筒口缩小以加大风流射程,将前方的高浓度瓦斯吹出;当瓦斯浓度降下来后,接上一个短节风筒,同样加大风流射程排除前方的瓦斯;取下短风筒并接上长风筒继续排放前方的积聚瓦斯,直到掘进工作面。

(二)防止瓦斯引燃

1. 能够引起瓦斯爆炸的火源

(1)明火:煤炭自燃、井下烧焊作业、吸烟等。

(2)爆破火花:爆破封泥不足,使用变质炸药,用易燃物充填炮眼、爆破母线和电雷管脚线连接不紧、不使用水炮泥、放明炮、放糊炮等。

(3)电火花:机电设备和电缆失爆、明接头、带电作业引起电火花。

(4)其他引火源:撞击摩擦火花,如穿化纤衣服,机械摩擦,地面闪电及其他杂散电流等。

2. 防止引爆火源主要措施

防止瓦斯引爆的原则是对一切非生产必需的热源要坚决禁绝。生产中可能产生的热源,必须严格管理和控制,防止其发生或限制其引爆瓦斯的能力。为此,可以采取以下措施,防止引爆火源。

(1)防止明火。

① 禁止在井口房、通风机房周围20 m以内使用明火、吸烟或用火炉取暖。

② 严禁携带烟草、点火物品和穿化纤衣服入井;严禁携带易燃品入井。

③ 井下禁止使用电炉或灯泡取暖。

④ 不得在井下和井口房内从事烧焊作业,如需作业必须制定措施。

⑤ 严禁在井下存放汽油、煤油、变压油等。井下使用的棉纱、润滑油等必须存放在有盖的铁桶内。

⑥ 防止煤炭氧化自燃,加强火区检查与管理,定期采样分析,防止复燃。

(2) 防止出现爆破火焰。

(3) 防止出现电火花。

(4) 其他引火源的治理。

防止出现
爆破火焰

防止出现
电火花

其他引火源
的治理

(三) 防止瓦斯爆炸范围扩大

井下局部地区一旦发生瓦斯爆炸,就应使其波及范围尽可能缩小,不致引起全矿井的瓦斯爆炸。为此,可从以下几个方面着手防止瓦斯爆炸范围扩大。

1. 分区开采

每一个生产水平和每一个采区实行分区通风,都必须布置单独的回风巷,采煤工作面和掘进工作面都应该采用独立通风,采区之间严禁串联通风。

矿井主要进、回风巷之间的联络巷必须构筑永久性挡风墙,需要行人的必须设置正、反向两道风门。

2. 设置隔爆装置

为防止瓦斯爆炸、煤尘参与爆炸由局部扩大为全矿性灾难,最大限度减少事故造成的损失,在连接矿井的两翼、相邻的采区、相邻的煤层和采掘工作面等处的巷道中设置"隔爆水棚"或"岩粉棚",在发生瓦斯爆炸事故时喷洒水幕或撒布岩粉,以阻止爆炸火焰的传播。

3. 通风系统力求简单

总进风巷与总回风巷布置间距不得太近,以防发生爆炸时风流短路;按规定及时封闭采空区。

4. 安装防爆门

装有主要通风机的出风井口应安装防爆门,以防止发生爆炸时通风机被毁,造成救灾和恢复生产的困难。

5. 安装反风设施

生产矿井主要通风机必须安装有反风设施,必须在 10 min 内改变巷道中的风流方向。

编制灾害预防
应急救援预案

6. 编制灾害预防和处理计划及应急救援预案

每年必须由矿井技术负责人组织编制矿井灾害预防和处理计划以及瓦斯爆炸应急救援预案。

本章练习题

一、判断题

1. 局部防突措施是指在突出煤层进行采掘前,对突出煤层较大范围采取的防突措施。(　　)

2. 区域防突措施是针对经工作面预测有突出危险的煤层实施的局部防突措施。(　　)

3. 处理煤与瓦斯突出事故时,可以现场切断灾区和受影响区域的电源,防止产生电火花引起瓦斯爆炸。(　　)

4. 区域防突工作应当做到多措并举、可保必保、应抽尽抽、效果达标。(　　)

第十一章　矿井瓦斯防治

5．处理煤与瓦斯突出事故时，矿山救护队必须携带 0～100%的瓦斯检定器，严密监视瓦斯浓度的变化。（　）

6．发生煤（岩）与瓦斯突出时，对充满瓦斯的主要巷道应加强通风管理，防止风流逆转，复建通风系统，恢复正常通风。按规定将高浓度瓦斯直接引入回风道中排出矿井。（　）

7．开采有煤与瓦斯突出危险煤层的矿井必须建立地面永久瓦斯抽采系统或井下临时抽采瓦斯系统。（　）

8．地面瓦斯抽采泵房位置距进风井口和主要建筑物不得大于 50 m。（　）

9．采用干式抽采瓦斯泵时，其吸气侧管路系统中必须装设有防回火、防回气和防爆炸作用的安全装置。（　）

10．采用干式抽采瓦斯设备时，抽采瓦斯浓度不得低于 30%。（　）

11．瓦斯是燃料能源，当煤层瓦斯抽出浓度大于 30%时，可以作为燃料直接使用。（　）

12．煤与瓦斯突出预兆中，支架发出声响、煤壁片帮、煤层外鼓脱落、钻孔变形、打钻时顶钻、卡钻等，属于地压显现方面的预兆。（　）

13．《煤矿安全规程》要求对监测监控设备的数据每 3 个月进行备份，备份的数据介质保存时间应当不少于 2 年。（　）

14．高瓦斯矿井采掘工作面的甲烷浓度检查每班至少 2 次。（　）

15．禁止在井口房、通风机房周围 30 m 以内使用明火、吸烟或用火炉取暖。（　）

16．严禁在井下存放汽油、煤油、变压油等。井下使用的棉纱、润滑油等必须存放在有盖的铁桶内。（　）

17．可以使用一台局部通风机同时向 2 个以上（含 2 个）作业的掘进工作面供风。（　）

18. 生产矿井主要通风机必须安装有反风设施,必须在10 min内改变巷道中的风流方向。( )

19. 采掘工作面或其他作业地点风流中瓦斯浓度达到1.0%时,必须停止用电钻打眼;爆破地点附近20 m以内的风流瓦斯浓度达到1.0%时,严禁爆破。( )

20. 掘进工作面局部通风机必须实行"两闭锁"是指风电闭锁和瓦斯闭锁。( )

21. 生产矿井主要通风机必须安装有反风设施,必须在15 min内改变巷道中的风流方向。( )

22. 每年必须由矿井主要负责人组织编制矿井灾害预防和处理计划以及瓦斯爆炸应急救援预案。( )

二、单项选择题

1. 井巷揭煤工作面的突出危险性预测必须在距突出煤层最小法向距离( )m前进行,地质构造复杂、岩石破碎的区域应当适当加大法向距离。

A. 3   B. 5   C. 7

2. 区域防突措施包括开采保护层和( )两类。

A. 预抽煤层瓦斯   B. 水力冲孔   C. 松动爆破

3. 下列( )不属于井下容易发生局部瓦斯积聚的地点。

A. 采煤工作面上隅角(回风隅角)

B. 顶板冒落空硐

C. 井底车场

4. 典型突出预兆中,喷孔、顶钻属于明显突出预兆,当发现有喷孔、顶钻等明显突出预兆的区域,必须采取或继续执行( )。

A. 局部防突措施   B. 区域防突措施   C. 预抽煤层瓦斯

5. 下列( )不能降低瓦斯的爆炸下限浓度。

A. 氢气   B. 煤尘   C. 惰性气体

6. 地面抽采瓦斯泵站放空管的高度应超过泵房房顶( )m。

A. 2　　　　　　B. 3　　　　　　C. 4

7. 任一采煤工作面的瓦斯涌出量大于（　）m³/min 或者任一掘进工作面瓦斯涌出量大于 3 m³/min，用通风方法解决瓦斯问题不合理的，必须建立地面永久抽采瓦斯系统或者井下临时抽采瓦斯系统。

A. 3　　　　　　B. 4　　　　　　C. 5

8. 矿井绝对瓦斯涌出量（　）时，必须建立地面永久抽采瓦斯系统或者井下临时抽采瓦斯系统。

A. 大于 20 m³/min

B. 大于 30 m³/min

C. 大于或者等于 40 m³/min

9. 瓦斯爆炸必须同时具备三个必要条件之一是有存在高温的点火源，引火温度一般为（　）。

A. 450～550 ℃　　B. 550～650 ℃　　C. 650～750 ℃

10. 矿井下采掘工作面及其他地点，体积大于 0.5 m³ 的空间内，瓦斯浓度达到或超过（　）%的现象就是瓦斯积聚。

A. 0.5　　　　　　B. 1　　　　　　C. 2

11. 当瓦斯浓度为（　）%发生爆炸时，其爆炸威力最大，这是因为此时混合气体中的氧气和瓦斯都全部参加了爆炸。

A. 2　　　　　　B. 5　　　　　　C. 9.5

12. 当氧气在混合气体的浓度低于（　）%时，混合气体中的瓦斯失去爆炸性。

A. 8　　　　　　B. 12　　　　　　C. 18

13. 低瓦斯矿井采掘工作面的甲烷浓度每班至少检查（　），高瓦斯矿井，每班至少检查 3 次。

A. 1　　　　　　B. 2　　　　　　C. 3

14. 通风瓦斯日报表必须经通风区长签阅，并必须上报矿长、（　）审阅。重大问题，必须制定措施，进行处理。

A. 总工程师　　　　B. 安全矿长　　　　C. 生产矿长

三、多项选择题

1. 瓦斯抽采泵房为干式抽采瓦斯泵时,吸气侧管路中必须装设( )作用的安全装置。

A. 放水　　　B. 防回火　　C. 防回气　　D. 防爆炸

2. 矿井绝对瓦斯涌出量达到( )情况的,必须建立地面永久抽采瓦斯系统或者井下临时抽采瓦斯系统。

A. 大于或者等于 40 m³/min

B. 年产量 1.0～1.5 Mt 的矿井,大于 30 m³/min

C. 年产量 0.6～1.0 Mt 的矿井,大于 25 m³/min

D. 年产量 0.4～0.6 Mt 的矿井,大于 20 m³/min

3. 下列( )气体的存在可使瓦斯爆炸下限降低。

A. 一氧化碳　B. 硫化氢　　C. 氮气　　　D. 氢气

4. 区域综合防突措施包括( )。

A. 区域突出危险性预测

B. 区域防突措施

C. 区域防突措施效果检验

D. 区域验证

5. 引起瓦斯积聚的主要原因有( )。

A. 矿井通风系统布置不合理、不完善

B. 局部通风机停止运转

C. 风筒断开或严重漏风

D. 采掘工作面风量不足

6. 采煤工作面上隅角(回风隅角)处瓦斯积聚主要有( )。

A. 挂风障引风法　　　　　B. 风筒导排法

C. 压风排除法　　　　　　D. 充填置换法。

7. 引起瓦斯爆炸的火源主要有( )。

A. 明火　　　　　　　　　B. 爆破火花

C. 电火花　　　　　　　　D. 穿化纤衣服

8. 掘进工作面局部通风机必须实行"三专"是指（　）。

A. 专用电缆　　　　　　　B. 专用变压器

C. 专用线路　　　　　　　D. 专用开关

练习题答案

一、判断题

1. ×　2. ×　3. ×　4. √　5. √　6. √　7. √　8. ×

9. √　10. ×　11. √　12. √　13. √　14. ×　15. ×

16. √　17. ×　18. √　19. √　20. √　21. ×　22. ×

二、单项选择题

1. B　2. A　3. C　4. B　5. C　6. B　7. C　8. A　9. C

10. C　11. C　12. B　13. B　14. A

三、多项选择题

1. BCD　2. ABCD　3. ABD　4. ABCD　5. ABCD

6. ABCD　7. ABC　8. BCD

第十二章　矿尘防治

第一节　煤尘爆炸及其预防措施

一、煤尘爆炸的原因

许多固体物质在正常状态下是不燃或难燃的,但是当其被粉碎成微细的粉尘时,就变为易燃的或有爆炸性的了。例如金属铝是不可燃的,而铝粉则能燃烧或爆炸。又如煤块只能燃烧,而煤尘则能爆炸。

煤尘爆炸是在高温和热源的作用下,空气中氧气与煤尘急剧氧化的反应过程,此过程连续不断地进行,氧化反应越来越快,温度越来越高,当达到一定程度时,便发展为煤尘爆炸。

二、煤尘爆炸发生的条件及影响因素

（一）煤尘爆炸的条件

煤尘爆炸必须同时具备以下 4 个条件。

1. 煤尘本身具有爆炸性

煤尘本身具有爆炸性是煤尘爆炸的必要条件。煤尘是否具有爆炸性必须经有资质的鉴定单位鉴定。《煤矿安全规程》第 185 条规定:新建矿井或者生产矿井每延深一个新水平,应当进行 1 次煤

尘爆炸性鉴定工作,鉴定结果必须报省级煤炭行业管理部门和煤矿安全监察机构。煤矿企业应当根据鉴定结果采取相应的安全措施。

2. 煤尘必须悬浮于空气中,并达到一定的浓度

井下空气中只有悬浮的煤尘达到一定浓度,遇火才可能引起爆炸。我国实验表明:煤尘爆炸下限浓度一般为 45 g/m³,上限浓度为 1 500～2 000 g/m³,爆炸力最强的煤尘浓度为 300～400 g/m³。

在井下各生产环节中,一般不可能形成大于 45 g/m³ 的悬浮煤尘浓度。但当巷道周壁的沉积煤尘受到冲击波的震动、气流的吹扬或其他原因再次扬起后,就足以达到爆炸浓度。因此,浮尘是煤尘爆炸的直接原因,积尘是煤尘爆炸的最大隐患。

3. 具有引燃煤尘爆炸的高温热源

实验表明,煤尘爆炸的引燃温度变化较大,它随煤尘的性质和试验条件的不同而变化。我国煤尘爆炸的引燃温度在 610～1 050 ℃之间,一般为 700～800 ℃。煤矿中能引燃煤尘的高温热源有:爆破火焰、电气设备产生的火花、斜井跑车产生的摩擦火花、胶带摩擦着火、矿井内外因火灾、瓦斯燃烧或爆炸以及炸药爆炸等。

4. 氧气浓度不低于 18%

空气中氧气浓度高时,点燃煤尘的温度可以降低;空气中氧气浓度低时,点燃煤尘则较为困难。一般情况下,当氧气浓度低于18%时,煤尘就不再爆炸。

(二) 影响煤尘爆炸的主要因素

1. 煤的挥发分

煤尘爆炸主要是在尘粒分解的可燃气体(挥发分)中进行的,因此煤的挥发分数量和质量是影响煤尘爆炸的重要因素。一般说来,煤尘的可燃挥发分含量越高,爆炸性越强。

2. 煤的灰分

煤的灰分是不燃性物质,能吸收能量,阻挡热辐射,破坏链反应,降低煤尘的爆炸性。

3. 水分

水分能降低煤尘的爆炸性,同时还能降低落尘的飞扬能力。煤的天然灰分和水分都很低,降低煤尘爆炸性的作用不显著,只有人为地掺入灰分(撒岩粉)或水分(洒水)才能防止煤尘的爆炸。

4. 煤尘粒度

粒度对爆炸性的影响极大。粒径 1 mm 以下的煤尘粒子都可能参与爆炸,而且爆炸的危险性随粒度的减小而迅速增加,75 μm 以下的煤尘特别是 $30\sim75$ μm 的煤尘爆炸性最强,煤尘粒度越小,所需引燃温度越低,且火焰传播速度也越快。

5. 空气中的瓦斯浓度

随着瓦斯浓度的增高,煤尘爆炸的下限浓度急剧下降,煤尘爆炸的上限浓度也会提高,爆炸浓度的范围扩大。在煤尘参与的情况下,小规模的瓦斯爆炸可能演变为大规模的煤尘瓦斯爆炸事故。

6. 空气中氧气的浓度

空气中氧气浓度高时,点燃煤尘的温度可以降低;空气中氧气浓度低时,点燃煤尘较困难,当氧气浓度低于 18% 时,煤尘就不再爆炸。

7. 引爆热源

煤尘爆炸必须有一个达到或超过最低点燃温度和能量的引爆热源,其温度越高,能量越大,越容易点燃煤尘,而且初始爆炸强度也越大;反之温度越低,能量越小,越难点燃煤尘,而且即使引起爆炸,初始爆炸强度也越小。

三、煤尘爆炸的危害和特征

1. 产生高温高压

煤尘爆炸释放出的热量,可使爆炸产生的气体产物加热到 2 300～2 500 ℃。从爆炸事故现场可见,1 t 铁矿车被压扁并紧贴巷道帮壁上,600 mm 轨距的铁道整个被冲起如同拧麻花一样,数百米的木支架全部被爆风吹倒,造成巷道严重冒顶。在爆炸过程中,如遇有障碍物、巷道的拐弯或巷道断面突变时,爆炸力将猛增。

在积尘较严重的巷道中,爆炸力将随着距爆源距离的增加而跳跃式增大。据美国井下试验,一般距爆源 10～30 m 以内的地点,破坏较轻,而后便越来越严重,表现出离爆源越远反而破坏越严重的特征。

2. 产生正向冲击和反向冲击

煤尘爆炸时产生高温后,促使爆源附近的气体和爆炸火焰以 610～1 800 m/s 的速度向外扩散冲击,形成强大的冲击波,造成人员伤亡,机械设备损坏。这种破坏力很强的扩散冲击称为正向冲击。

因爆炸生成的水蒸气迅速凝结,所以瞬间就会在爆源附近形成气体稀薄的低压区,此时被挤压的爆炸烈焰和高温气体便会迅猛返向爆源,形成反向冲击。因为反向冲击是沿着已破坏区域进行的,所以其破坏性往往更大。

3. 引起煤尘或瓦斯连续多次爆炸

煤尘(或瓦斯)爆炸的正向冲击波沿着传播途径将落尘逐步冲起形成尘云,并被传播的火焰逐步点燃,产生连续爆炸,且距爆源越远爆炸力越强。当爆炸反向冲击时,由于负压作用从采空区中带出瓦斯、吹起煤尘,如果火源尚未消失或有新的火源存在,这时就会引起更大的第二次爆炸,依此循环可能发生多次爆炸。

4. 生成有毒有害气体

煤尘爆炸时,会生成二氧化碳和一氧化碳。在灾区空气中一氧化碳浓度可达 2%~3%,甚至高达 8%左右。这是造成矿工大量中毒死亡的主要原因。

5. 形成"黏焦"或挥发分减少

煤尘爆炸时,对于结焦煤尘(气煤、肥煤及炼焦煤的煤尘),只有一部分被烧成灰烬,而其余的则被焦化而形成焦炭皮渣与黏块,黏附于支架、巷道壁或煤壁上。

对于不结焦的煤尘,经爆炸后其挥发分含量必将减少,利用这一特点可判断井下的爆炸事故中煤尘是否参与爆炸。

四、综合防尘措施

目前,我国煤矿主要采取以风、水为主的综合防尘技术措施。即一方面用水将粉尘润湿捕获,另一方面借助风流将粉尘排出井外。《煤矿安全规程》第 644 条规定,矿井必须建立消防防尘供水系统。

消防防尘供水系统应遵守的规定

《煤矿安全规程》对矿井消防防尘供水系统作了具体规定。

按照矿井防尘措施的具体功能,可分为减尘措施、降尘措施、通风除尘和个体防护四大类。

(一)减尘措施

在矿井生产中,采取各种技术措施,减少采掘作业时的粉尘产生量,是减尘措施中的主要环节,是矿井尘害防治中最积极、有效的措施。减尘措施主要包括湿式凿岩、水炮泥、水封爆破、煤层注水等。

1. 湿式凿岩

湿式凿岩是指在凿岩和打钻过程中,将压力水通过凿岩机、钻杆送入并充满孔底,以湿润、冲洗和排出产生的矿尘。在煤矿生产环节中,井巷掘进产生的粉尘不仅量大,而且分散度高,且掘进过程中的矿尘又主要来源于凿岩和钻眼作业。因此,湿式凿岩、钻眼能有效降低掘进工作面的产尘量。

2. 水炮泥

水炮泥是将装水的塑料袋代替一部分炮泥,填于炮眼内。爆破时水袋破裂,水在高温高压下汽化,以细散尘粒为核心凝结,或凝结成雾粒湿润矿尘,达到降尘的目的。采用水炮泥可以达到爆破降尘的目的。

3. 水封爆破

水封爆破是将炮眼的炸药先用一小段炮泥填好,然后再给炮眼口填一小段炮泥,填好两段炮泥之间的空间,插入细注水管注水,注满后抽出注水管,并将炮泥上的小孔堵塞。

4. 煤层注水

煤层注水是采煤工作面最重要的防尘措施之一,在回采之前预先在煤层中打若干钻孔,通过钻孔注入压力水,使其渗入煤体内部,增加煤的水分,从而减少煤层开采过程的产尘量。

煤层注水有以下 4 种方式:

(1) 短孔注水

短孔注水是在采煤工作面垂直煤壁或与煤壁斜交打钻孔注水,注水孔长度一般为 2～3.5 m,如图 12-1 所示。

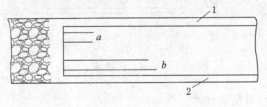

a—短孔;b—深孔。

1—回风巷;2—运输巷。

图 12-1 短孔、深孔注水方式示意图

（2）深孔注水

它是在采煤工作面垂直煤壁孔打钻孔注水,孔长一般为 5～25 m,如图 12-1 所示。

（3）长孔注水

它是从采煤工作面的运输巷或回风巷,沿煤层倾斜方向平行于工作面打上向孔或下向孔注水（见图 12-2）,孔长 30～100 m;当工作面长度超过 120 m,而单向孔达不到设计深度或煤层倾角有变化时,可采用上向、下向钻孔联合布置钻孔注水（见图 12-3）。

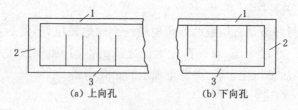

(a) 上向孔　　　　(b) 下向孔

1—回风巷;2—开切眼;3—运输巷。

图 12-2　单向长孔注水示意图

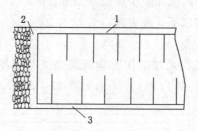

1—回风巷;2—工作面;3—运输巷。

图 12-3　双向长孔注水示意图

（4）巷道钻孔注水

由上邻近煤层的巷道向下煤层打钻注水或由底板巷道向煤层打钻注水,如图 12-4 所示。在一个钻场可打多个垂直于煤层或扇形布置方式的钻孔。巷道钻孔注水采用小流量、长时间的注水方法,湿润效果良好;但打岩石钻孔不经济,而且受条件限制,所以极少采用。

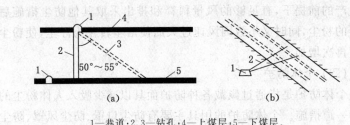

1—巷道;2、3—钻孔;4—上煤层;5—下煤层。

图 12-4　巷道钻孔注水法示意图

影响煤层注水效果的因素主要有:煤的裂隙和孔隙的发育程度;上覆岩层压力及支承压力;液体性质;煤层内的瓦斯压力;注水参数等。

《煤矿安全规程》规定,井工煤矿采煤工作面应当采取煤层注水防尘措施,但围岩有严重吸水膨胀性质等情况的除外。

煤层注水防尘
措施的适用条件

（二）降尘措施

洒水降尘是用水湿润沉积于煤堆、岩堆、巷道周壁、支架等处的矿尘。当矿尘被水湿润后,尘粒间会互相附着凝集成较大的颗粒,附着性增强,就不易飞起。在炮采炮掘工作面爆破前后洒水,不仅有降尘作用,而且还能消除炮烟、缩短通风时间。煤矿井下洒水可采用人工洒水或者喷雾器洒水。

采煤机内外
喷雾的要求

降尘措施主要有尘源地点的喷雾洒水、采煤机的内外喷雾、冲洗岩帮和装岩洒水等。

(三）通风除尘

通风除尘是指通过风流的流动将井下作业点的悬浮矿尘带出,降低作业场所的矿尘浓度。通风除尘的最终目的,是在保证安全生产的前提下,有足够的风量稀释和排出采取其他防尘措施后剩余的粉尘,同时又不致因风速过大而使落尘转化为浮尘,使粉尘浓度再次增加。

(四）个体防护

个体防护是指通过佩戴各种防护面具以减少吸入人体粉尘的最后一道措施。个体防护的用具主要有防尘口罩、防尘风罩、防尘帽、防尘呼吸器等,其目的是使佩戴者能呼吸净化后的清洁空气而不影响正常工作。

第二节　预防煤尘爆炸的技术措施

《煤矿安全规程》第 186 条规定:开采有煤尘爆炸危险煤层的矿井,必须有预防和隔绝煤尘爆炸的措施。

预防煤尘爆炸的技术措施主要包括减、降尘措施,防止煤尘引燃措施及防止煤尘爆炸范围扩大的措施等三个方面。

一、减、降尘措施

减、降尘措施是指在煤矿井下生产过程中,通过减少煤尘产生量或降低空气中悬浮煤尘含量以达到从根本上杜绝煤尘爆炸的可能性。通常采取以煤层注水为主的多种防尘手段。

二、防止煤尘引燃的措施

防止煤尘引燃的措施与防止瓦斯引燃的措施大致相同,可参看第十一章的瓦斯爆炸及其预防。同时特别要注意的是,瓦斯爆炸往往会引起煤尘爆炸。此外,煤尘在特别干燥的条件下可产生静电,放电时产生的火花也能自身引爆。

三、防止煤尘爆炸范围扩大的措施

防止煤尘爆炸危害,除采取防尘措施外,还应采取降低爆炸威力、隔绝爆炸范围的措施。

《煤矿安全规程》第 186 条规定:矿井的两翼、相邻的采区、相邻的煤层、相邻的采煤工作面间,掘进煤巷同与其相连的巷道间,煤仓同与其相连的巷道间,采用独立通风并有煤尘爆炸危险的其他地点同与其相连的巷道间,必须用水棚或者岩粉棚隔开。

(一)清扫积尘

沉落在巷道中的积尘,一旦受到冲击波冲击能再度飞扬,就为煤尘爆炸创造了条件,可以说落尘是井下爆炸煤尘的一个补给来源。因此《煤矿安全规程》要求,必须及时清除巷道中的浮煤,清扫、冲洗沉积煤尘或者定期撒布岩粉。

定期清除落尘,防止沉积煤尘参与爆炸,可有效地降低爆炸威力,使爆炸由于得不到煤尘补充而逐渐熄灭。

(二)撒布岩粉

撒布岩粉是指定期在井下某些巷道中撒布惰性岩粉,增加沉积煤尘的灰分,抑制煤尘爆炸的传播。惰性岩粉一般为石灰岩粉和泥岩粉。

撒布岩粉的巷道长度不小于 300 m,如果巷道长度小于 300 m 时,全部巷道都应撒布岩粉。

(三)设置水棚

水棚包括水槽棚和水袋棚两种,水棚用水量、相邻水棚组中心距等具体设置应符合相关要求。

水棚设置要求

（四）设置岩粉棚

岩粉棚分轻型和重型两类。结构如图 12-5 所示。

岩粉棚的作用及岩粉棚设置应当遵守相关规定。

岩粉棚设置规定

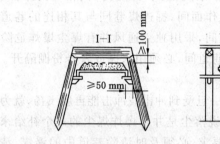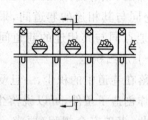

图 12-5　岩粉棚

第三节　矿尘浓度测定

一、矿尘浓度的测定

（一）作业场所粉尘浓度要求

《煤矿安全规程》第六百四十条要求，作业场所空气中粉尘（总粉尘、呼吸性粉尘）浓度应当符合表 12-1 的要求。不符合要求的，应当采取有效措施。

表 12-1　作业场所空气中粉尘浓度要求

粉尘种类	游离 SiO_2 含量 /%	时间加权平均容许浓度/（mg/m³）	
		总尘	呼尘
煤尘	<10	4	2.5

表 12-1（续）

粉尘种类	游离 SiO$_2$ 含量/%	时间加权平均容许浓度/（mg/m³）	
		总尘	呼尘
矽尘	10～50	1	0.7
	50～80	0.7	0.3
	≥80	0.5	0.2
水泥尘	<10	4	1.5

注：时间加权平均容许浓度是以时间加权数规定的 8 h 工作日、40 h 工作周的平均容许接触浓度。

(二) 测定矿尘浓度的目的

(1) 检验作业地点的矿尘浓度是否达到国家卫生标准。

(2) 研究各种不同采、掘、装、运等煤矿井下生产环节的安全状况，提出相应的解决方案和方法。

(3) 评价各种防尘措施的效果。评价某种防尘方法的效果时不能单凭直观而论，要用专门检测仪器和手段加以鉴定和验证。

(三) 煤矿粉尘测定的相关要求

煤矿必须对生产性粉尘进行监测，并遵守下列规定：

(1) 总粉尘浓度，井工煤矿每月测定 2 次；露天煤矿每月测定 1 次。粉尘分散度每 6 个月测定 1 次。

(2) 呼吸性粉尘浓度每月测定 1 次。

(3) 粉尘中游离 SiO$_2$ 含量每 6 个月测定 1 次，在变更工作面时也必须测定 1 次。

二、矿尘浓度的测定方法

(一) 粉尘监测采样点布置要求

粉尘监测采样点布置应当符合表 12-2 的要求。

表 12-2　粉尘监测采样点布置

类别	生产工艺	测尘点布置
采煤工作面	司机操作采煤机、打眼、人工落煤及攉煤	工人作业地点
	多工序同时作业	回风巷距工作面 10～15 m 处
掘进工作面	司机操作掘进机、打眼、装岩(煤)、锚喷支护	工人作业地点
	多工序同时作业(爆破作业除外)	距掘进头 10～15 m 回风侧
其他场所	翻罐笼作业、巷道维修、转载点	工人作业地点

(二) 矿尘浓度的测定

矿井粉尘浓度测定主要有滤膜采样测尘法和快速直读测尘仪测定法。

1. 滤膜采样测尘法

测尘原理是用粉尘采样器(或者呼吸性粉尘采样器)抽取采集一定体积的含尘空气,含尘空气通过滤膜时,粉尘被捕集在滤膜上,根据滤膜的增重计算粉尘浓度。

2. 快速直读测尘仪测定法

用滤膜采样器测尘是一种间接测量粉尘浓度的方法。由于准备工作、粉尘采样和样品处理时间比较长,不能立即得到结果,在卫生监督和评价防尘措施效果时显得不方便。为了满足实际工作的需要,各国研制开发了可以立即获得粉尘浓度的快速测定仪。

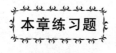

本章练习题

一、判断题

1. 巷道中的浮煤应及时清除,清扫或冲洗沉积煤尘,定期撒布岩粉。( )

2. 沉积煤尘是煤矿发生煤尘爆炸的最大隐患。( )

3. 连续爆炸是煤尘爆炸的特征,与有无积尘没有关系。( )

4. 煤尘的挥发分越高,爆炸的危险性越小。( )

5. 煤矿生产中产生的煤尘都具有爆炸危险性。( )

6. 煤尘的爆炸危险性与其所含挥发分无关。( )

7. 煤尘只有呈悬浮状态并达到一定浓度时才有可能发生爆炸。( )

8. 煤含有的灰分可降低煤尘的爆炸性。( )

9. 矿井在没有瓦斯的情况下,单纯的煤尘是不会爆炸的。( )

10. 在有大量沉积煤尘的巷道中,爆炸地点距离爆源越远,爆炸压力越大。( )

二、单项选择题

1. 煤尘挥发分越高,感应期( )。

A. 越长   B. 越短   C. 不变

2. 判断井下发生爆炸事故时是否有煤尘参与的重要标志是( )。

A. 水滴   B. 二氧化碳   C. "黏焦"

3. 下列属于减尘措施的是( )。

A. 转载点喷水降尘   B. 爆破喷雾   C. 煤层注水

4. 当氧含量低于( )%时,煤尘就不再爆炸。

A. 21   B. 20   C. 18

5. 煤矿粉尘中游离 SiO_2 含量( )测定 1 次,在变更工作面时也必须测定 1 次。

A. 每月   B. 每半年   C. 每年

6. 煤矿必须对生产性粉尘进行监测,呼吸性粉尘浓度( )测定 1 次。

A. 每月   B. 每季度   C. 每年

三、多项选择题

1. 判断井下爆炸是否有煤尘参与,可根据下列（ ）现象判定。

A. 煤尘挥发分减少   B. 形成"黏焦"

C. 巷道破损   D. 人员伤亡情况

2. 通常按矿井防尘措施的具体功能,将综合防尘技术分为（ ）。

A. 减尘措施   B. 降尘措施   C. 通风除尘   D. 个体防护

3. 下列措施能隔绝煤尘爆炸的有（ ）。

A. 清除落尘   B. 撒布岩粉   C. 设置水棚   D. 煤层注水

4. 下列措施中,属于防止灾害扩大的有（ ）。

A. 分区通风   B. 隔爆水棚   C. 隔爆岩粉棚   D. 撒布岩粉

练习题答案

一、判断题

1. √   2. √   3. ×   4. ×   5. ×   6. ×   7. √   8. √
9. ×   10. √

二、单项选择题

1. B   2. C   3. C   4. C   5. B   6. A

三、多项选择题

1. AB   2. ABCD   3. BC   4. ABCD

第十三章 矿井火灾防治

第一节 煤炭自燃及其预防技术

矿井内因火灾又称为煤炭自燃。煤炭自燃是指破碎的煤炭及采空区中的遗煤接触空气后,氧化生热,当热量积聚、煤温升高、超过临界温度时,最终导致着火的现象。

一、煤炭自燃的发展过程

煤炭自然发火是一渐变过程,要经过潜伏期、自热期和燃烧期三个阶段。因此,具有自燃倾向性的煤层被揭露后,要经过一定的时间才会自然发火。这一时间间隔叫作煤层的自然发火期,是煤层自燃危险在时间上的量度。自然发火期愈短的煤层,其自燃危险性愈大。

从理论上讲,煤层的自然发火期是指从发火地点的煤层被揭露(或与空气接触)之日起到发火所经历的时间。煤层最短自然发火期是指在最有利于煤自热发展的条件下,煤炭自燃需要经过的时间。

二、煤炭自燃的早期识别及预报

煤炭自燃的初期征兆有:煤炭氧化自燃初期生成水分,往往使巷道空气湿度增加,出现雾状,支架或煤壁上有水珠;煤炭在从自热到自燃过程中,氧化产物内有多种碳氢化合物,并产生火灾气味,如煤油、汽油、焦油或松节油等;煤炭气化过程中要放出热量,因此该处的水温、气温比平时高;煤炭氧化自燃过程中要放出有害气体——一氧化碳,因此,人有不舒适感,如头痛、恶心、四肢无力等。

如果能在煤自燃发展的初期准确地发现它,就能有效阻止其继续发展,避免酿成火灾。煤炭自燃的早期预报,就是根据火灾发生和发展的规律,应用成熟的经验和先进的科学技术手段,采集处于萌芽状态的火灾信息,进行分析推断后给出相应的火情报告,从而及时、准确地进行早期火灾预报。煤炭自燃早期识别的方法可有人体生理感觉、气体分析法和测温法。

（一）利用人体生理感觉预报自然发火

1. 嗅觉预报自然发火

可燃物受高温或火源作用,会分解生成一些正常时大气中所没有的、异常气味的火灾气体。例如煤炭自热到一定温度后出现具有煤油味、汽油味和轻微芳香气味的非饱和碳氢化合物;橡胶、塑料制品在加热到一定温度后,会产生烧焦味。人们利用嗅觉嗅到这些火灾气味,则可以判断附近的煤炭和胶塑制品在燃烧。

2. 视觉预报自然发火

煤炭氧化自燃初期生成水分,往往使巷道内湿度增加,出现雾气或在巷道壁挂有水珠;浅部开采时,冬季可在地面钻孔或塌陷区处发现冒出水蒸气或冰雪融化的现象。

3. 温度感觉预报自然发火

煤炭自燃或自热、可燃物燃烧会使环境温度升高,因此,从该处流出的水和空气的温度较正常时高。

4. 疲劳感觉预报自然发火

煤炭氧化自燃过程中,从自热到自燃阶段都要放出有害气体（如二氧化碳、一氧化碳等）,这些气体能使人头痛、闷热、精神不振、不舒服、有疲劳感觉。因此,当井下出现这种现象时,如果是多数人的感觉,那更要提高警惕,查明原因,以防煤层自然发火。

当上述征兆发展到较明显的程度时,人的感官是可以识别煤炭早期自燃的。但是,人的感觉总是带有相当大的主观性,也与人的健康状况和精神状态有很大关系,而且人体器官往往要在各种征兆达到较为明显的程度时才能感觉到。因此,人的直接感觉不是早期识别煤炭自燃的可靠方法,还必须使用仪器仪表来识别煤炭自燃的发生。

(二) 利用气体分析法预报自然发火

气体分析法是用仪器分析和检测煤在自燃和可燃物在燃烧过程中释放出的烟气或其他气体产物预报火灾。《煤矿安全规程》第261条规定:开采容易自燃和自燃煤层时,必须开展自然发火监测工作,建立自然发火监测系统,确定煤层自然发火标志气体及临界值,健全自然发火预测预报及管理制度。

(三) 利用测温法预报自然发火

在煤炭自燃的过程中,在自热期后阶段,由于氧化加剧,热量增加,使煤体及其周围温度升高。因此,测量发热体及其周围的温度变化是确定煤炭自燃状态的重要参数。

1. 直接测温法

直接测温法的作用和要求。

2. 红外线探测火源

红外线探测火源的作用和特点。

直接测温法

红外线探测火源

三、预防煤炭自燃的措施

煤的自燃倾向性分为容易自燃、自燃、不易自燃 3 类。《煤矿安全规程》第 260 条规定:新设计矿井应当将所有煤层的自燃倾向性鉴定结果报省级煤炭行业管理部门及省级煤矿安全监察机构。开采容易自燃和自燃煤层的矿井,必须编制矿井防灭火专项设计,采取综合预防煤层自然发火的措施。

易发生煤炭自燃的地点有很多,比如:断层附近,采煤工作面的进风巷、回风巷和切眼,停采线附近,遗留的煤柱,破裂的煤壁,煤巷的高冒处,溜煤眼,联络巷,浮煤堆积的地方等。经过长期实践,人们对煤炭自燃的规律有了一定的认识,积累了一定的防止自燃火灾的经验。大量事实证明,只要遵循"预防为主"的基本原则,从防患于未然着手,采取积极、有效的技术措施,消除或改变自然发火的条件,就可以防止或控制煤炭自燃的发生。预防煤炭自燃的措施主要如下所列。

(一) 合理的开拓开采技术预防煤炭自燃

矿井开拓系统和采煤方法是影响煤炭自燃的重要因素。因此,在矿井设计、建设以及生产过程中应注意选择合理的开拓系统和采煤方法,采取有效的开采技术措施,防止发生煤炭自燃灾害,以保证矿井生产安全、正常地进行。从预防煤炭自燃的角度出发,对开拓、开采方法的要求是:煤层切割量少、煤炭回采率高、工作面推进速度快、采空区容易封闭。

(二) 合理的通风技术预防煤炭自燃

通风不良、通风系统混乱、漏风严重的地点往往容易发生自燃火灾,因此,正确选择通风系统,减少漏风,对防止自然发火有重要作用。其措施如下所列。

1. 选择合适的通风系统

结合既定的开拓方案和开采顺序,选择合适的通风方式。如前进式回采选用对角式通风,后退式回采选用中央式通风,可以减少采空区漏风,从而减少自然发火的可能性。

2. 实行分区通风

每一生产水平、每一采区都要布置单独的回风道,实行分区通风。这样既可降低矿井通风总风阻,增大矿井通风能力,减少漏风,又便于调节风量和发生火灾时控制风流、隔绝自然发火严重的矿井。通风压力不宜过大,要尽可能降低矿井通风阻力。

3. 选择合理的采区和工作面通风系统

选择采区和工作面通风系统的原则也是尽量减少采空区的漏风压差,不要让新、乏风从采空区边缘流过。如采空区漏风较为严重的工作面,工作面较短时可采用后退式 U 形通风系统,工作面较长时可采用后退式 W 形通风系统。

(三) 利用预防性灌浆预防煤炭自燃

预防性灌浆的作用及采用灌浆防灭火时应遵守相关规定。

(四) 利用均压防灭火预防煤炭自燃

均压法防止漏风的实质及采用均压技术防灭火时应遵守相关规定。

(五) 利用注惰性气体预防煤炭自燃

采用氮气防灭火时应遵守相关规定。

利用预防性灌浆
预防煤炭自燃

利用均压防灭火
预防煤炭自燃

利用注惰性气体
预防煤炭自燃

(六) 利用喷洒阻化剂预防煤炭自燃

采用阻化剂防灭火时应遵守相关规定。

（七）利用灌注凝胶预防煤炭自燃

利用灌注凝胶预防煤炭自燃时应遵守相关规定。

利用喷洒阻化剂
预防煤炭自燃

利用灌注凝胶
预防煤炭自燃

第二节 矿井防灭火方法

一、矿井外因火灾的预防措施

矿井外因火灾的特点是发火突然，来势较猛，如果不能及时发现和控制，往往会酿成重大事故。预防矿井外因火灾的措施关键是严格遵守《煤矿安全规程》的相关规定，及时发现外因火灾的初起预兆，并采取措施控制其发展。

（一）安全设施管理措施

（1）煤矿必须制定井上、下防火措施。煤矿的所有地面建（构）筑物、煤堆、矸石山、木料场等处的防火措施和制度，必须遵守国家有关防火的规定。

（2）木料场、矸石山等堆放场距离进风井口不得小于 80 m。木料场距离矸石山不得小于 50 m。

（3）不得将矸石山设在进风井的主导风向上风侧、表土层 10 m 以浅有煤层的地面上和漏风采空区上方的塌陷范围内。

（4）新建矿井的永久井架和井口房、以井口为中心的联合建筑,必须用不燃性材料建筑。

(5) 对现有生产矿井用可燃性材料建筑的井架和井口房,必须制定防火措施。

(6) 矿井必须设地面消防水池和井下消防管路系统。井下消防管路系统应当敷设到采掘工作面,每隔 100 m 设置支管和阀门,但在带式输送机巷道中应当每隔 50 m 设置支管和阀门。地面的消防水池必须经常保持不少于 200 m³ 的水量。消防用水同生产、生活用水共用同一水池时,应当有确保消防用水的措施。

(7) 开采下部水平的矿井,除地面消防水池外,可利用上部水平或者生产水平的水仓作为消防水池。

(8) 新建矿井的永久井架和井口房、以井口为中心的联合建筑,必须用不燃性材料建筑。

(9) 进风井口应当装设防火铁门,防火铁门必须严密并易于关闭,打开时不妨碍提升、运输和人员通行,并定期维修;如果不设防火铁门,必须有防止烟火进入矿井的安全措施。

(二) 明火管理措施

(1) 井口房和通风机房附近 20 m 内,不得有烟火或者用火炉取暖。

(2) 井筒与各水平的连接处及井底车场,主要绞车道与主要运输巷、回风巷的连接处,井下机电设备硐室,主要巷道内带式输送机机头前后两端各 20 m 范围内,都必须用不燃性材料支护。

(3) 在井下和井口房,严禁采用可燃性材料搭设临时操作间、休息间。

(4) 井下严禁使用灯泡取暖和使用电炉。

(5) 井下和井口房内不得进行电焊、气焊和喷灯焊接等作业。如果必须在井下主要硐室、主要进风井巷和井口房内进行电焊、气焊和喷灯焊接等工作,每次必须制定安全措施,由矿长批准并遵守下列规定:

① 指定专人在场检查和监督。

② 电焊、气焊和喷灯焊接等工作地点的前后两端各 10 m 的井巷范围内,应当是不燃性材料支护,并有供水管路,有专人负责喷水,焊接前应当清理或者隔离焊碴飞溅区域内的可燃物。上述工作地点应当至少备有 2 个灭火器。

③ 在井口房、井筒和倾斜巷道内进行电焊、气焊和喷灯焊接等工作时,必须在工作地点的下方用不燃性材料设施接受火星。

④ 电焊、气焊和喷灯焊接等工作地点的风流中,甲烷浓度不得超过 0.5%,只有在检查证明作业地点附近 20 m 范围内巷道顶部和支护背板后无瓦斯积存时,方可进行作业。

⑤ 电焊、气焊和喷灯焊接等作业完毕后,作业地点应当再次用水喷洒,并有专人在作业地点检查 1 h,发现异常,立即处理。

⑥ 突出矿井井下进行电焊、气焊和喷灯焊接时,必须停止突出煤层的掘进、回采、钻孔、支护以及其他所有扰动突出煤层的作业。

⑦ 煤层中未采用砌碹或者喷浆封闭的主要硐室和主要进风大巷中,不得进行电焊、气焊和喷灯焊接等工作。

(6) 井下使用的汽油、煤油必须装入盖严的铁桶内,由专人押运送至使用地点,剩余的汽油、煤油必须运回地面,严禁在井下存放。

(7) 井下使用的润滑油、棉纱、布头和纸等,必须存放在盖严的铁桶内。用过的棉纱、布头和纸,也必须放在盖严的铁桶内,并由专人定期送到地面处理,不得乱放乱扔。严禁将剩油、废油泼洒在井巷或者硐室内。

(三) 消防器材管理措施

井上、下必须设置消防材料库,并符合下列要求:

(1) 井上消防材料库应当设在井口附近,但不得设在井口房内。

（2）井下消防材料库应当设在每一个生产水平的井底车场或者主要运输大巷中，并装备消防车辆。

（3）消防材料库储存的消防材料和工具的品种和数量应当符合有关要求，并定期检查和更换；消防材料和工具不得挪作他用。

（4）井下爆炸物品库、机电设备硐室、检修硐室、材料库、井底车场、使用带式输送机或者液力偶合器的巷道以及采掘工作面附近的巷道中，必须备有灭火器材，其数量、规格和存放地点，应当在灾害预防和处理计划中确定。

（5）井下工作人员必须熟悉灭火器材的使用方法，并熟悉本职工作区域内灭火器材的存放地点。

（6）井下爆炸物品库、机电设备硐室、检修硐室、材料库的支护和风门、风窗必须采用不燃性材料。

（四）消防设施管理措施

每季度应当对井上、下消防管路系统、防火门、消防材料库和消防器材的设置情况进行 1 次检查，发现问题，及时解决。

二、发生火灾时的行动原则

在矿井巷道中发生的火灾通常是从某一点开始的。火灾在初始阶段的强度都相当小，这时的绝大多数火灾都可以被迅速扑灭。因此，火灾初期的积极灭火是极其重要的。否则，对发现或扑救不及时的可燃物充足的火灾有时仅仅数分钟就会发展成为一个很难或不可能扑灭的大火，最后只能封闭该着火区域。

发生火灾时的行动原则可归纳为以下几点。

1. 立即判断，直接灭火

任何人发现井下火灾时，应当视火灾性质、灾区通风和瓦斯情况，立即采取一切可能的方法直接灭火，控制火势。

因为矿井火灾发生的初期，一般火势并不大，在火势尚未蔓延扩展之前，燃烧产生的热量也不大，周围介质和空气温度还不高，人员可以接近火源,应采取一切可能的办法进行直接灭火。假若人员弃火逃跑,贻误灭火良机,一旦火势蔓延,灭火难度会更大,甚至会酿成重特大事故。

2. 迅速报告,组织灭火

井下工作人员发现发生火灾后除设法进行灭火外,还应迅速报告矿调度室。矿调度室在接到井下火灾报告后,应当立即按灾害预防和处理计划通知有关人员组织抢救灾区人员和实施灭火工作。矿值班调度和在现场的区、队、班组长应当依照灾害预防和处理计划的规定,将所有可能受火灾威胁区域中的人员撤离,并组织人员灭火。

3. 严守纪律,有序撤离

处于火区的人员,必须严守纪律,服从命令,听从指挥,迎着新鲜风流,沿着灾害预防计划规定的避灾路线,有序撤离危险区,同时注意风流方向的变化。如遇到烟气可能中毒时,应立即戴上自救器,尽快通过附近巷道进入新鲜风流中。当确实无法撤退时,暂避避难所或构筑临时避难所等待救援。

4. 切断电源,进行灭火

电气设备着火时,应当首先切断其电源,防止电气火灾事故扩大和救火时发生触电伤人事故;在切断电源前,必须使用不导电的灭火器材进行灭火。如果在切断电源前用导电的器材进行灭火,不仅不能安全、快速、有效地扑灭火灾,还可能由于灭火器材导电,造成意外的人身触电伤亡事故。

5. 专人检查,确保安全

抢救人员和灭火过程中,必须指定专人检查甲烷、一氧化碳、煤尘、其他有害气体浓度和风向、风量的变化,并采取防止瓦斯、煤尘爆炸和人员中毒的安全措施。专人检查甲烷、一氧化碳、煤尘、其他有害气体浓度和风向、风量的变化,不仅可以给救援决策提供有关依据,便于科学采取安全救援的措施,而且可以保障救灾过程中人员的安全。采取防止瓦斯、煤尘爆炸和人员中毒的安全措施，如直接灭火过程中保持正常的风流供给，防止瓦斯积聚；停止作业，灭火同时向积尘、扬尘区域洒水，防止煤尘飞扬；人员只准在火源上风侧灭火，用湿毛巾捂住口鼻，避免火灾有毒烟气对人体的侵害等。

三、矿井灭火的方法

灭火是破坏火灾产生的三个条件同时存在的过程，灭火的实质就是把正在燃烧体系内的物质冷却，将其温度降低到燃点之下，使燃烧停止。矿井灭火的方法可分为直接灭火法、隔绝灭火法和综合灭火法三大类。

(一) 直接灭火法

直接灭火法是指对刚发生的火灾或火势不大时，可采用水、砂子、岩粉、化学灭火器等在火源附近直接扑灭火灾或者挖除火源。

1. 用水灭火

用水灭火的注意事项如下所列：

(1) 水源和水量要充足。因为矿井火灾会因水量或水压不够或者供水管网布置不合理，导致直接灭火失败，而不得不封闭火区。而且少量的水在高温下可以分解成具有爆炸性的氢气和助燃的氧气。

(2) 灭火时水流应从火源外围逐步移向火源中心。火势旺时不要直接把水喷在火源中心，防止大量蒸汽和炽热煤块抛出伤人，也避免高温火源使水分解成氢气和氧气，造成氢气爆炸。

(3) 灭火人员应站在进风侧，并保证正常通风，防止高温烟流或水蒸气伤人。

(4) 随时检查火区附近的瓦斯浓度和一氧化碳浓度。

(5) 电气设备着火后，应首先切断电源，再用水灭火。在电源未切断以前，只能使用不导电的灭火器材，如用砂子、岩粉和四氯化碳灭火器进行灭火。否则未断电源,直接用水灭火,水能导电,火势将更大,并危及救火队员的安全。

(6) 不能用水直接扑灭油类火灾。因为油比水轻,而且不易与水混合,一旦用水来灭油类火灾,油浮在水的表面,可以随水流动而扩大火灾面积。

2. 用砂子(或岩粉)灭火

用砂子(或岩粉)灭火,就是把砂子(或岩粉)直接撒在燃烧物体上覆盖火源,将燃烧物与空气隔绝熄灭。此外,砂子(或岩粉)不导电,并能吸收液体物质,因此可用来扑灭油类或电气火灾。

砂子成本低廉,灭火时操作简便,因此,在机电硐室、材料仓库、炸药库等地方均应设置防火砂箱。

3. 用化学灭火器灭火

这种方法主要是用泡沫灭火器和干粉灭火器扑灭矿井各类型的初期着火,可适用于人员可接近的、火势较小的火源。

灭火器正确操作

目前煤矿使用的化学灭火器主要是干粉灭火器。目前矿用干粉灭火器是以磷酸铵盐粉末为主药剂的。磷酸铵盐粉末具有多种灭火功能,在高温作用下磷酸铵盐粉末进行一系列分解吸热反应,将火灾扑灭。

4. 挖除火源

挖除火源就是将着火带及附近已发热或正燃烧的煤炭挖出并运出井外。这是处理煤炭自燃火灾最简单、最彻底的灭火方法。但应注意火区条件,以保证灭火工作安全进行。

挖除可燃物的条件如下所列:

(1) 火源位于人员可直接到达的地点。

(2) 火源范围不大,火灾尚处于初始阶段。

(3) 火区无瓦斯积聚,无瓦斯和煤尘爆炸危险。

(4) 挖除火源工作要由矿山救护队担任。当短时间内完不成任务时,可改用其他消除燃烧三要素的灭火方法。

（二）隔绝灭火法

隔绝灭火法是在直接灭火法无效时采用的灭火方法,它是在通往火区的所有巷道中构筑防火密闭墙,阻止空气进入火区,从而使火逐渐熄灭。隔绝灭火法是处理大面积内、外因火灾,特别是控制火势发展的有效方法。灭火的效果取决于密闭墙的气密性和密闭空间的大小。

根据防火墙所起的作用不同,可分为临时防火墙、永久防火墙及耐爆防火墙等。

1. 临时性防火墙

其作用是暂时切断风流,阻止火势发展,所以应该简便、迅速。

2. 永久性防火墙

用于长期封闭火区,切断风流。因此,对它的要求是既坚固又密实不漏风,具有较强的耐压性。

3. 耐爆防火墙

在瓦斯矿井封闭火区,可能由于瓦斯积聚而发生瓦斯爆炸,因此应使防火墙具有耐爆性。耐爆防火墙可用砂袋、石膏等材料筑成。

（三）综合灭火法

综合灭火法是以封闭火区为基础,再采取向火区内灌浆、调节风压和充入惰性气体等措施的灭火方法。

实践证明,单独使用密闭墙封闭火区,熄灭火灾所需时间较长,容易造成煤炭资源的冻结,影响正常生产。如果密闭墙质量不高,漏风严重,将达不到灭火的目的。因此,通常在火区封闭后,借助向火区注入泥浆、惰性气体、凝胶或调节风压等方法,加速火区内火的熄灭。

第三节　矿井火灾的处理与控制

一、火灾时期的风流紊乱现象

风流紊乱是指井下发生火灾时,在火和烟气的作用下,正常情况时巷道内风流的流动方向以及风量的分配被打乱,火灾产生的有毒有害烟气进入进风流中。风流紊乱使得事故范围进一步扩大,造成大量的人员伤亡。

(一)风流紊乱现象产生的原因

外因火灾使火灾及附近地点空气的温度迅速上升,这就使空气产生热膨胀。与此同时,由于热的作用会带来两方面影响。一方面,由于对空气的加热使其密度下降,在非水平的巷道分支将产生附加火风压;另一方面,通风巷道中会产生热膨胀,从而减少主干通风巷道的质量流量,即产生节流效应。这两方面作用将改变矿井通风系统的压力分布,从而改变原有矿井风量分配并产生风流紊乱,扩大事故范围,带来严重后果。

1. 火风压

矿井发生火灾时,火灾的热力作用会使空气的温度增高而发生膨胀,密度小的热空气在有高差的巷道中就会产生一种浮升力,这个浮升力的大小与巷道的高差以及火灾前后的空气密度有关。在地面建筑中这种现象也很普遍,被称为烟囱效应,即通常室内空气的密度比外界小,这便产生使气体向上运动的浮升力,尤其是在高层建筑中的许多竖井,如楼梯井、电梯井等,气体的上升运动十分显著。这种现象有时也叫作热风压。

在矿井中,火灾产生的热动力是一种浮升力,这种浮力效应被称为火风压。火风压的定义是井下发生火灾时,由于高温烟流流经有标高差的井巷所产生的附加风压。它的产生机制与矿井自然风压产生机制是一致的,都是在倾斜和垂直的巷道上出现的空气的密度差所致,只是使空气密度发生变化的热源不同,因此二者都可称为热风压。

2. 节流效应

矿井火灾时期,受火烟的热力作用的影响,主干风路以及旁侧支路中的风量往往会随着火势的发展而发生变化。由于矿井火灾的发生,巷道内的气体受热膨胀,流动阻力增大而造成空气质量流量减少的现象被称为节流效应。节流效应是矿井火灾过程中的一种典型现象。

(二) 常见风流紊乱现象

1. 风流逆转

在矿井火灾时期,火灾产生的火风压可能会造成某些支路压力的变化,从而会改变风流的流动方向。通风网络中的某分支风流方向发生改变的现象叫作风流逆转。

2. 烟流逆退

由于浮升力的影响,火灾燃烧中的火焰与生成的烟气一起向上流动。如图 13-1 所示,在矿井巷道中,如果火源处向上流动的烟流受顶板的阻挡,热烟气将在巷道的顶部形成沿巷道进、回两个方向的流动,其中巷道顶部逆着巷道进风方向流动的烟流被称为烟流逆退。图 13-2 为火灾模拟实验中的烟流逆退现象。

图 13-1　矿井火灾烟流逆退示意图

图 13-2　火灾模拟实验中的烟流逆退现象

3. 烟流滚退

在火源下风侧节流效应和巷道断面温度、压力梯度影响下,在新鲜风流沿巷道底部按原风向流入火源的同时,火源产生的烟流沿上风侧巷道顶部逆向回退并翻卷流向火源的现象,被称为烟流滚退。

(三) 风流紊乱现象的危害

1. 风量减少的危害

巷道风量的减少,对于无瓦斯或瓦斯涌出量小的矿井,或许不至于构成威胁,但在瓦斯涌出量大的矿井,则可能形成爆炸性混合气体而存在爆炸隐患,特别是当爆炸性混合气体通过着火带时,很容易引起瓦斯爆炸。

2. 风流逆转的危害

风流逆转引起风流流动状态的紊乱,可能给人员撤退和救灾工作造成更大的困难,带来更大的危险。

3. 烟流逆退的危害

烟流逆退对火源上风侧直接灭火人员造成直接威胁。由于烟流与进风混合再次进入火源,在一定条件下可能诱发瓦斯爆炸。

4. 烟流滚退的危害

烟流滚退现象导致火源上风侧烟流与新鲜风流掺混后,再逆流回火源,在一定条件下可能诱发瓦斯爆炸。

二、处理火灾时的通风方法及其选择

处理火灾时常用的通风方法有正常通风、增减风量、反风、风流短路、停止主要通风机运转等。

（1）在矿井通风系统未遭到严重破坏的情况下，原则上保持现有通风系统，保证主要通风机的正常运转。为防止火灾扩大，需改变矿井通风方法或采用反风时，应先安全撤离灾区和受威胁区域的人员。

（2）进风井筒中发生火灾时，必须采取风流短路、反风或停止主要通风机运转等措施，防止火灾产生的有害气体进入井下其他用风地点。进风井底车场和主要进风大巷发生火灾时，必须进行矿井反风或使风流短路，确保火灾气体不侵入工作区。

（3）采区内发生火灾时，风流的控制问题比较复杂，原则上要稳定风流，保持正常通风。此时，要特别注意防止风流逆转，一般不宜采取减风、停风和反风措施。

（4）回风井井底发生火灾时，应保持正常通风，在有害气体不能达到爆炸条件的前提下，可减少进入火区的风量。

（5）倾斜进风巷道中发生火灾时，可采取风流短路或局部反风。掘进巷道发生火灾时，应保持正常通风状态，根据现场瓦斯情况，必要时可适当调整风量。

（6）采煤工作面发生火灾时，应保持正常通风，从进风侧进行灭火，如果难以取得效果时，可采取局部反风，从回风侧灭火。

三、发生火灾后的安全撤离

发生火灾事故时，如果不能直接扑灭或控制灾情，应迅速撤离火灾现场。撤离时要注意以下事项：

（1）要尽最大可能迅速了解或判明事故的性质、地点、范围和事故区域的巷道情况、通风系统、风流、火灾烟气蔓延的速度和方向以及与自己所处巷道位置之间的关系,并根据矿井灾害预防、事故处理计划和现场实际情况确定撤退路线和避灾自救方法。

（2）撤退时,任何人无论在什么情况下都不要惊慌、不能狂奔乱跑,应在现场负责人和有经验的工人带领下有组织地撤退。位于火源进风侧的人员,应迎着新鲜风流撤退。位于火源回风侧的人员在撤退途中遇到烟气有中毒危险时,应迅速佩戴好自救器尽快通过捷径绕到新鲜风流中去,或者在烟气没有到达之前顺着风流尽快从回风出口撤到安全地点;如果距火源较近而且越过火源没有危险时,也可迅速穿过火区撤到火源的进风侧。

（3）如果在自救器有效作用时间内不能安全撤出,则应在设有存储备用自救器的硐室换用自救器后再行撤退,或者寻找有压风管路系统的地点以压缩空气供呼吸之用。

（4）撤退行动既要迅速、果断,又要快而不乱。撤退中应靠巷道有连通出口的一侧行进,避免错过脱离危险区的机会,同时还要随时注意观察巷道和风流的变化情况,谨防火风压可能造成的风流逆转。

（5）如果无论是逆风或顺风撤退都无法躲避着火巷道或火灾烟气造成的危害,则应迅速进入避难硐室;没有避难硐室时,应在烟气袭来之前选择合适的地点就地利用现场条件快速构筑临时避难硐室,进行避灾自救。

四、火区的管理与启封

火区封闭以后,虽然可以认为火势已经得到了控制,但是对矿井防灭火工作来说,这仅仅是个开始,在火区没有彻底熄灭之前,应加强火区的管理,待彻底熄灭后启封。

（一）火区的管理

火区管理工作包括对火区进行的资料分析、整理以及对火区的观测检查等工作。

1. 绘制火区位置关系图、建立火区卡片

火区位置关系图应标明所有火区和曾经发火的地点,并注明火区编号、发火时间、地点、气体组分、浓度等。

对于每一个火区,都必须建立火区管理卡片。火区卡片包括以下内容:

(1) 火区登记表。火区登记表中应详细记录火区名称、火区编号、发火时间、发火原因、发火时的处理方法以及发火造成的损失,并绘制火区位置图。

(2) 火区灌注灭火材料记录表。火区灌注灭火材料记录表用于详细记录向火区灌注黄泥浆、河砂、粉煤灰、凝胶、惰泡、惰气以及其他灭火材料的数量和日期,并说明施工位置、设备和施工过程等情况。

(3) 防火墙观测记录表。防火墙观测记录表用于说明防火墙设置地点、材料、尺寸以及封闭日期等情况,并详细记录按规定日期观测到的防火墙内气体组分的浓度、防火墙内温度、防火墙出水温度以及防火墙内外压差等数据。

火区管理卡片是火区管理的重要技术资料,对做好矿井防灭火工作意义重大。火区管理卡片由煤矿通风管理部门负责填写,并永久保存。

2. 火区检查观测与日常管理

在火区日常管理工作中,防火墙的管理占有重要的地位,因此必须遵循以下原则:

(1) 每个防火墙附近必须设有栅栏、提示警标,禁止人员入内,并悬挂说明牌。说明牌上应标明防火墙内外的气体组分、温度、气压差、测定日期和测定人员姓名等。

(2) 定期测定和分析防火墙内的气体成分和空气温度,定期检查密闭墙外的空气温度、瓦斯浓度,密闭墙内外空气压差以及密闭墙墙体。发现封闭不严、有其他缺陷或者火区有异常变化时,必须采取措施及时处理。

（3）所有测定和检查结果都必须记入防火记录本中，矿井做大幅度风量调整时，应当测定密闭墙内的气体成分和空气温度。井下所有永久性密闭墙都应当编号，并在火区位置关系图中注明。

3. 火区熄灭的判断

《煤矿安全规程》第279条规定：封闭的火区，只有经取样化验证实火已熄灭后，方可启封或者注销。火区同时具备下列条件时，方可认为火已熄灭：

（1）火区内的空气温度下降到30℃以下，或者与火灾发生前该区的日常空气温度相同；

（2）火区内空气中的氧气浓度降到5%以下；

（3）火区内空气中不含有乙烯、乙炔，一氧化碳浓度在封闭期间内逐渐下降，并稳定在0.001%以下；

（4）火区的出水温度低于25℃，或者与火灾发生前该区的日常出水温度相同；

（5）上述4项指标持续稳定1个月以上。

（二）火区启封的相关要求

经过长期地观测和综合分析，确认火区已经熄灭的情况下，就可以正式启封火区了。启封已熄灭的火区前，必须制定安全措施。启封火区时，应当逐段恢复通风，同时测定回风流中一氧化碳、甲烷浓度和风流温度。发现复燃征兆时，必须立即停止向火区送风，并重新封闭火区。

启封火区和恢复火区初期通风等工作，必须由矿山救护队负责进行，火区回风风流所经过巷道中的人员必须全部撤出。在启封火区工作完毕后的3天内，每班必须由矿山救护队检查通风工作，并测定水温、空气温度和空气成分。只有在确认火区完全熄灭、通风等情况良好后，方可进行生产工作。

本章练习题

一、判断题

1. 生产和在建矿井必须制定井上、下防灭火措施。（　）

2. 井下使用的润滑油、棉纱、布头和纸等，用过后可任意摆放。（　）

3. 井下发生火灾时，灭火人员一般是在回风侧进行灭火。（　）

4. 任何人发现井下火灾时，应当视火灾性质、灾区通风和瓦斯情况，立即采取一切可能的方法直接灭火，控制火势。（　）

5. 开采容易自燃和自燃的煤层时，采煤工作面回采结束后，必须在 60 天内进行永久性封闭。（　）

6. 电气设备着火时，应首先切断电源；在切断电源前，只准使用不导电的灭火器材进行灭火。（　）

7. 永久性防火墙的管理，应不定期测定和分析防火墙内的气体成分和空气温度。（　）

8. 火区内的空气温度下降到 30 ℃以下，或与火灾发生前该区的日常空气温度相同，即可认为火区已经熄灭。（　）

9. 具有自燃倾向性的煤炭只有处于破碎状态、通风供氧、易于蓄热的环境中才能产生自燃现象。（　）

10. 防火对通风的要求是风流稳定、漏风量少和通风网络中有关区段易于隔绝。（　）

11. 对采区的开采线、停采线和上、下煤柱线内的采空区，应加强防火灌浆。（　）

12. 采煤工作面发生火灾时，应保持正常通风，从进风侧进行灭火，如果难以取得效果时，可采取局部反风，从回风侧灭火。（　）

13. 火区内空气中不含有乙烯、乙炔，一氧化碳浓度在封闭期间内逐渐下降，并稳定在 0.001% 以下，即可认为火区已经熄灭。（　）

14. 火区的出水温度低于 25 ℃ 或与火灾发生前该区的日常出水温度相同，即可认为火区已经熄灭。（　）

15. 启封火区和恢复火区初期通风等工作，必须由矿通风科负责进行，火区回风风流所经过巷道中的人员必须全部撤出。（　）

16. 在启封火区工作完毕后 2 天内，每班必须由矿山救护队检查通风工作，并测定水温、空气温度和空气成分。只有在确认火区完全熄灭、通风等情况良好后，方可进行生产工作。（　）

17. 开采容易自燃和自燃的煤层时，必须对采空区、突出和冒落孔洞等空隙采取措施防止自燃。（　）

18. 采用均压技术防灭火时，改变矿井通风方式、主要通风机工况以及井下通风系统时对均压地点的均压状况不必进行调整，保证均压状态的稳定。（　）

19. 采用氮气防灭火时，注入的氮气浓度不小于 97%。（　）

20. 自然发火期愈短的煤层，其自燃危险性愈小。（　）

二、单项选择题

1. 煤矿灭火方法有直接灭火法、隔绝灭火法和（　）三种。

A. 综合灭火法　　　B. 人工灭火法　　　C. 自然灭火法

2. （　）灭火法以封闭火区为基础，再采取向火区内部注入惰气、泥浆或均衡火区漏风通道压差等措施的灭火方法。

A. 直接　　　　　　B. 综合　　　　　　C. 隔绝

3. 煤矿常用的防治煤炭自燃火灾措施有灌注泥浆、充填砂石或粉煤灰、均压、喷洒阻化剂、注入惰性气体等，（　）是应用最广的措施。

A. 充填砂石或粉煤灰

B. 喷洒阻化剂

C. 灌注泥浆

4. 木料场、矸石山等堆放场距离进风井口不得小于(　)m。

A. 80　　　　　　B. 60　　　　　　C. 50

5. 井口房和通风机房附近(　)m 内,不得有烟火或用火炉取暖。

　　A. 10　　　　　　B. 20　　　　　　C. 30

6. 井下消防管路系统在一般巷道中每隔 100 m,带式输送机巷道每隔(　)m 设置一组支管和阀门。

　　A. 50　　　　　　B. 100　　　　　　C. 150

7. 抢险救灾人员在灭火过程中,必须采取防止瓦斯、煤尘爆炸和(　)的安全措施。

　　A. 火风压　　　　B. 人员中毒　　　　C. 缺氧窒息

8. 煤炭自燃是指暴露于空气中的煤炭自身氧化积热达到着火温度而(　)的现象。

　　A. 引燃　　　　　B. 被动燃烧　　　　C. 自然燃烧

9. 开采容易自燃和自燃煤层的矿井,必须采取(　)煤层自然发火的措施。

　　A. 特殊　　　　　B. 防治　　　　　　C. 综合预防

10. 电焊、气焊和喷灯焊接等工作地点的风流中,瓦斯浓度不得超过(　)%。

　　A. 0.5　　　　　B. 1.0　　　　　　C. 1.5

11. 灭火时,灭火人员应站在(　)。

　　A. 火源的上风侧

　　B. 火源的下风侧

　　C. 对灭火有利的位置

12. 火灾事故中,绝大多数遇难者是因(　)死亡。

　　A. 高温火焰　　　B. CO 中毒　　　C. 未掌握逃生方法

13. 在井下进行焊接作业时,焊接作业地点至少应备有( )灭火器。

A. 一个　　　　　B. 两个　　　　　C. 三个

三、多项选择题

1. 煤炭自然发火是一渐变过程,要经过( )三个阶段。

A. 潜伏期　　B. 自热期　　C. 爆炸期　　D. 燃烧期

2. 以下( )容易发生煤炭自燃火灾。

A. 采空区　　B. 煤柱内　　C. 巷道顶煤　　D. 掘进工作面

3. 矿井内因火灾防治技术有( )等。

A. 合理的开拓开采及通风系统

B. 防止漏风

C. 预防性灌浆

D. 阻化剂防火

4. 矿井火灾时期风流紊乱现象的危害主要有( )。

A. 风量减少　　B. 风流逆转　　C. 烟流逆退　　D. 烟流滚退

5. 处理火灾时常用的通风方法有:正常通风、( )等。

A. 增减风量　　　　　　B. 反风

C. 风流短路　　　　　　D. 停止主要通风机运转

6. 煤炭自燃早期识别的方法有( )。

A. 人体生理感觉　　　　B. 气体分析法

C. 测温法　　　　　　　D. 听觉法

练习题答案

一、判断题

1. √　2. ×　3. ×　4. √　5. ×　6. √　7. ×　8. ×

9. √　10. √　11. √　12. √　13. ×　14. ×　15. ×

16. ×　17. √　18. ×　19. √　20. ×

二、单项选择题

1. A　2. B　3. C　4. A　5. B　6. A　7. B　8. C　9. C

10. A　11. A　12. B　13. B

三、多项选择题

1. ABD　2. ABC　3. ABCD　4. ABCD　5. ABCD

6. ABC

第十四章　通风班组安全风险分级管控与事故隐患排查治理

第一节　通风班组安全风险分级管控、事故隐患排查治理与分类

一、通风班组安全风险分级管控

煤矿井下矿井通风、防治瓦斯、防治矿尘、防灭火（即"一通三防"）是煤矿安全生产的管控核心,煤矿井下诸多事故与"一通三防"安全风险管控不到位,事故隐患排查治理不到位有关。煤矿通风班组是"一通三防"工作现场主体。通风班组长现场作业风险预控与隐患防治能力的高低直接关系到矿井员工的身体健康、生命安全和矿井安全发展。

（一）"一通三防"安全风险

安全风险是指发生危险事件和危害暴露的可能性,与随之引发的人身伤害或健康损害或财产损失或环境破坏的严重性的组合。可能性是指事故（事件）发生的概率;严重性是指事故（事件）一旦发生后,将造成的人员伤害和经济损失的严重程度。

"一通三防"安全风险一般是指可能造成通风系统、瓦斯、煤尘、火灾等方面事故的安全风险。

（二）"一通三防"风险管控措施

为将"一通三防"风险降低至可接受程度，采取的相应消除、隔离、控制的方法和手段称为风险管控措施。其类别包括工程技术措施、管理措施、培训教育措施、个体防护措施和应急处置措施。

"一通三防"
风险管控措施

二、通风班组事故隐患排查治理

（一）"一通三防"事故隐患分级

根据《安全生产事故隐患排查治理暂行规定》要求，将"一通三防"事故隐患分为重大事故隐患、一般事故隐患。

一般事故隐患，是指危害和整改难度较小，发现后能够立即整改排除的隐患。

甲烷传感器吊挂不规范，风门关闭不严，风流净化水幕雾化效果差等班组可以立即整改的均属于"一通三防"一般事故隐患。

重大事故隐患，是指危害和整改难度较大，应当全部或者局部停产停业，并经过一定时间整改治理方能排除的隐患，或者因外部因素影响致使生产经营单位自身难以排除的隐患。

瓦斯超限作业，通风系统不完善、不可靠，安全监控系统不能正常运行，未按规定实施防突措施，自然发火严重未采取有效措施等危害和整改难度较大的均属于"一通三防"重大事故隐患。

"一通三防"事故
隐患的分类

（二）"一通三防"事故隐患的分类

（三）通风班组事故隐患排查周期

（四）通风班组事故隐患排查职责

（五）通风班组事故隐患排查和风险隐患排查卡填写流程

通风班组事故
隐患排查周期

通风班组事故
隐患排查职责

通风班组事故隐患
排查和风险隐患
排查卡填写流程

三、煤矿"一通三防"一般事故隐患和重大事故隐患

（一）煤矿"一通三防"一般事故隐患

（二）煤矿"一通三防"重大事故隐患判定标准

《煤矿重大事故隐患判定标准》（中华人民共和国应急管理部第 4 号令）自 2021 年 1 月 1 日起实施。"一通三防"重大事故隐患判定标准详见第一章第二节。

煤矿"一通三防"
一般事故隐患

煤矿"一通三防"重大
事故隐患判定标准

第二节　通风班组"三违"行为及预防

"三违"是指生产作业中违章指挥、违规作业、违反劳动纪律三种现象。

结合煤矿实际情况，作业过程中常见的"三违"行为分严重"三

违"和一般"三违"两类。

严重"三违",是指违章性质恶劣,情节严重,对安全生产有重大影响,可能直接或间接引发严重后果(造成事故)的行为和现象。

一般"三违",是指违章性质比较恶劣,情节较为严重,对安全生产有较大影响,可能直接或间接引发较严重后果的行为和现象。

一、"一通三防"作业过程中常见的违章行为

(一) 常见严重"三违"行为

(1) 人为造成甲烷传感器失去应有作用,甩掉风电、甲烷电闭锁装置的。

(2) 采掘工作面未按照规定进行防突测试或弄虚作假的。

(3) 瓦检工空班、漏检及填写数据弄虚作假的。

(4) 无措施排放瓦斯或不按措施规定组织排放瓦斯的。

(5) 掘进工作面停风后不检查瓦斯即送风送电的。

(6) 局部通风机无计划停风或任意开停局部通风机的。

(7) 巷道贯通不及时调整通风系统,造成瓦斯集聚超限的。

(8) 同时打开风门不关造成风流短路的。

(9) 人为损坏通风设施、防突抽采设施设备的。

(10) 瓦检工、瓦斯抽采泵站司机、主要通风机司机等特殊工种空岗、脱岗的。

(二) 常见一般"三违"行为

(1) 突出危险采掘工作面躲炮时间不符合规定以及非突出采掘工作面爆破母线长度、躲炮距离和地点不符合作业规程规定的。

(2) 爆破作业后,爆破工不检查拒爆、残爆情况的。

(3) 爆破时,对可能受到损坏的设备设施不采取防护措施进行保护的。

(4) 局部通风机处未按规定设置管理牌板、瓦斯检查牌板的。

(5) 局部通风机吸风口附近有杂物不清理的。

（6）风筒有脱节、挤压、扭折、破裂、脱挂和漏风现象不处理的。

（7）未按规定试验风机倒台的，未及时填写倒台记录的。

（8）风门连锁装置不能正常使用的。

（9）密闭没有按规定设置检查牌板的或不按规定周期检查填写牌板的。

（10）瓦斯检查牌板、防突管理牌板、深孔前探牌板、物探管理牌板等所有管理牌板及台账、记录填写不清晰的或字体不规整、看不清的，记录、台账有代签的。

（11）煤巷、半煤岩巷掘进和采煤工作面未设专职瓦检工的。

（12）甲烷传感器不按规范流程进行调校或吊挂不规范的。

（13）瓦斯抽采站司机不按规定检查、填写、汇报抽采瓦斯、一氧化碳浓度、流量、负压的。

（14）未处理瓦斯抽采管路漏气、积水的。

（15）钻孔成孔后不及时封孔、联网抽采的。

（16）停风区域不及时设置栅栏的。

（17）拌料、喷浆、耙装作业时未执行防尘措施的。

（18）转载点降尘设施不完好或不能正常使用的。

（19）打钻施工时干打眼或孔口喷雾和降尘装置使用效果差的。

（20）隔爆设施数量、水量不足的。

二、"一通三防"作业过程中"三违"行为的预防

（一）"三违"行为产生的主要原因

（1）侥幸心理。部分职工在几次违章未发生事故后，滋长侥幸心理，混淆了几次违章未发生事故的偶然性和长期违章迟早发生事故的必然性。例如，作业现场经常出现的"干打眼"造成煤尘超限即属于侥幸心理。

（2）省事心理。职工图省事，总想以最小的代价取得最好的效果，甚至压缩到极限，降低了系统的可靠性。典型的违章行为如：停风不检查瓦斯而"一风吹"；同时敞开两道风门快速过车，造成通风系统紊乱等。

（3）自我表现（逞能）心理。部分职工自以为技术好，有经验，把冒险蛮干当作表现自己的技能。有的新人技术差，经验少，可谓初生牛犊不怕虎，急于表现自己。典型的违章行为如：独自进入盲巷；有煤与瓦斯突出预兆而不撤离人员等。

（4）从众心理。部分职工认为别人做了没事，自己肯定更没事。尤其是在一个安全秩序不好、管理混乱的场所，这种心理像瘟疫一样，严重威胁企业的生产安全。煤尘堆积不清理；喷雾雾化效果差但不及时处理等即属于从众心理。

（5）逆反心理。在人与人之间关系紧张的时候，人们常常产生这种心理。部分职工把同事的善意提醒不当回事，置领导的严格要求和安全规章于不顾，以致酿成事故。

（二）"三违"行为预防措施

在反"三违"行为方面，总结各种事故教训，只有行之有效地防范与管理，减少或杜绝人的不安全行为，才能确保安全生产的顺利进行，因此，严格控制人的不安全行为是重中之重。

"一通三防"作业过程中"三违"行为预防措施

通过强化通风班组安全文化建设、完善通风班组安全管理制度、加强教育与培训、创造良好的工作环境，来预防"三违"行为。

三、"一通三防"作业过程中"三违"行为的帮教管理

（一）"三违"检查

（1）动态"三违"检查：上级监管监察部门各类安全检查、标准化检查、矿井自查、矿领导带班检查、安检员检查、业务部门检查、

班组检查、作业前检查等均属于动态检查范畴。

（2）专项"三违"检查：利用规定的隐患排查时间、要求、频次进行不安全行为检查。"一通三防"专项检查包括通风、综合防尘、防灭火、防突、监测系统等专项检查。

（3）赋予所有从业人员现场制止"三违"（含不安全行为）的权力，在日常工作中自觉发现、制止、抵制不安全行为，营造"四不伤害"的良好氛围。通风班组人员除对本班组、本岗位作业履行监督检查职责外，还兼顾矿井"一通三防"方面的安全监督检查，具有制止"三违"，以及在出现重大事故隐患时要求撤出人员的权力。

（二）"三违"行为管控办法

（1）各级人员对"三违"均负有监督检查、矫正的权利和义务。

（2）通风班组长负责对当班作业人员的行为状况进行巡查，特别对通风设施管控、瓦斯检查、防突措施执行等关键岗位、重点环节要采取重点监控、检查。对"三违"行为要及时予以纠正、制止，对情节严重的违章行为要上报处理。

（3）由于"一通三防"作业人员存在单岗作业的情况，因此通风班组长要随时了解、掌握本班组员工的工作生活情况，不定时对全班人员思想动态和作业行为以及危险源掌握情况进行抽查，提醒安全注意事项，超前预控不安全行为，杜绝事故发生。

（4）因个人行为造成安全隐患或涉及人身安全的，应当责令从危险区域内撤出作业人员，暂时停产或停止一切作业活动，并及时向调度室汇报。

（5）对于查出的人员违章行为，除给予相应处罚外，还要记入个人安全档案。

（6）建立违章人员管理制度和台账，详细记录违章情况。单位或班组自查的违章行为，自主强化教育，安检部门不予追究。

（三）"三违"帮教管理

（四）"三违"人员帮教转化工作流程

对于职工出现违章行为，工会部门要及时了解并掌握相关情况，根据违章性质、事故责任确认被帮教人员，启动帮教程序。

"一通三防"作业过程中"三违"行为帮教管理

"一通三防"作业过程中"三违"人员帮教转化工作流程

"三违"人员帮教转化工作流程包括谈心疏导、班组检查、安全培训、亲情帮教等。

第三节　"一通三防"典型案例

班组是现场安全管理的核心，因班组违章造成的事故占事故总量的70％。结合通风班组实际，选取以下案例作为警示典型。

一、某矿"5·8"火灾事故

（一）事故经过

2002年5月8日7时，某矿某队钳工组长刘某等6人在井下负责加固第二台带式输送机机头。钳工刘某、张某画线，电焊工赵某用风焊切割钢板；赵某大约割了20分钟，张某看赵某挺累就提出换换。赵某刚站起来，就发现平台下残留的胶沫、胶条起火，火势越烧越大，浓烟弥漫，他马上向井上调度汇报。随即这6名职工由二水平主运巷道撤离现场经副井升井。11时55分，矿调度室接到灾情报告。总工程师和机电副总工程师带领 9 名救护队员由带式输送机井进入灾区探查险情,因井下火风压反风,全部遇难。

（二）事故发生原因

（1）直接原因:工人在井下装带式输送机,用气焊切割钢板时,飞溅火花引燃作业点附近残留的胶沫、胶条,由于灭火措施不力,导致输送带起火。

（2）间接原因:矿井不具备反风条件,事故发生时矿井不能反风,井下工人避灾路线不清,无防火门,灭火措施不力;生产和建设交叉进行,安全管理混乱。

（三）吸取教训

（1）井下使用电、风焊时需制定完善的施工措施,严格审批手续,措施落实到位。

（2）加强防、灭火意识,安全设施要完好可靠。

（3）编制矿井灾害预防和处理计划时,要有专项预防火灾措施,并要求班组长熟记突发灾害的应对措施。

（四）防范措施

（1）井下焊接必须由工程技术人员编制专门安全措施,由矿长批准。

（2）焊接地点应由专人在现场检查监护。配备自救器和灭火器材,并会使用。

（3）提高班组长和职工安全生产意识,熟悉井下避灾路线,加强入井人员的自主保安能力。

二、某矿"1·23"瓦斯爆燃事故

（一）事故经过

2013 年 1 月 23 日中班,某矿采煤队队长周某某组织召开班前会并强调当班安全重点后,当班 12 人入井进入 2104 工作面。19 时左右跟班队干部安排停机,在返背材料准备背顶过程中,19

时 35 分突然听见机尾发生一声响,并看见上隅角(回风隅角)有一小团火光,工作面上隅角(回风隅角)附近有少量粉尘飞扬(根据监控显示,当时回风巷一氧化碳传感器监测浓度突然上升至最大 500×10^{-6})。后经分析为采空区自然发火引发上隅角(回风隅角)瓦斯爆燃。

(二) 事故原因

(1) 直接原因:采空区自然发火,遇上隅角(回风隅角)瓦斯,发生瓦斯爆燃事故。

(2) 间接原因如下所列:

① 由于 2104 工作面开采的是二水平的隔离煤柱,属安全煤柱的违规开采,采场顶板垮落后,一水平的采空区又与采空区(火区)相通,采场漏风通道太多,为煤层自然发火提供了条件。

② 21 区总回风平巷在 2104 工作面下方垮塌严重,经多次维修仍无法维护,后来重掘了该段回风平巷,垮塌的总回风平巷与原 2102 工作面采空区通过裂隙相通。工作面与总回风平巷间压差明显,也可能形成漏风通道。

③ 当班班长现场安全管理不到位,因工作面未检到一氧化碳等自燃指标气体,麻痹大意地认为没有自然发火现象。

(三) 吸取教训

(1) 现场隐患排查不到位,安全教育不到位。

(2) 加强对采空区气体检测,发现采空区有自燃征兆时应及时采取措施防止煤炭自燃。

(3) 各班班组长应加强对上、下隅角顶板管理,严禁悬顶面积超过规定,减少采空区的漏风。

(四) 防范措施

(1) 采掘部署设计要正规,矿井在设计、布置工作面时要充分考虑开采水平煤柱将会带来的矿压、水害、防灭火、瓦斯等灾害治理难度及开采过程中存在的巨大安全生产隐患。

（2）加强防灭火日常监控、分析，发现异常要及时查明原因，采取措施。

（3）加强班组长和职工安全技术培训，提高安全意识。

三、某矿"1·15"瓦斯窒息事故

（一）事故经过

2015年1月15日22时30分，某队鲁某某组织召开班前会。当班作业人员于23时40分进入43233运输巷进行隐患排查工作，对存在的隐患整改完毕后，开始清扫浮渣。清扫工作结束后，1月16日4时30分左右，林某某（组长）安排其他人员将废管抬到＋1 480 m石门后下班，运输机司机清扫机尾处浮煤。林某某（组长）、胡某某（副组长）两人先后进入抽水点查看抽水情况，过了一会儿，运输机司机陈某发现两人一直未出来，便前往抽水点查看，发现两人均晕倒在巷道低洼处前方10 m左右，立即召集人员组织抢救并向调度室汇报。矿调度室立即通知矿山救护队及井下带班领导梁某某（总工程师）。4时50分，梁某某赶到现场继续组织现场人员进行抢救工作，矿山救护人员进入事故地点，立即加入抢救工作。公司和部门相关领导第一时间赶赴现场，积极组织抢救。7时20分左右，两名遇险职工经抢救无效死亡。

（二）事故原因

1. 直接原因

因巷道低洼处积水将巷道封顶，救护队只能将风筒延至低洼处，并设置警示标志。但林某某私自进入无风区，之后胡某某又在未采取措施的情况下，擅自施救林某某，因巷道缺氧，导致昏迷。

2. 间接原因

（1）通过现场勘察，林某某擅自进入无风区（距风筒末端46 m）查看情况，因缺氧导致窒息昏倒。

（2）施救方法不当。胡某某在没有汇报、未采取措施的情况下擅自进入无风区施救林某某，在距离林某某 4 m 处因缺氧窒息（救护人员赶到时还有呼吸），导致此次事故进一步扩大。

（3）班前会针对性不强，对现场施工措施贯彻落实不到位。

（4）安全教育不到位，职工安全意识淡薄，自保互保意识差，对潜在危险认识不足。

（5）现场监管不到位，措施执行不严。

（三）吸取教训

（1）矿井通风管理不到位，巷道停风无风区管理存在漏洞。

（2）现场隐患排查不到位，未及时发现巷道低洼处存在的隐患。

（3）单位安全管理不到位，职工安全意识淡薄。

（四）防范措施

（1）加强矿井通风瓦斯管理，严格执行瓦斯检查制度，加强密闭管理和气体检查；加强矿井临时停电停风管理，严格落实瓦斯排放规定。

（2）定期开展安全大检查，逐一排查各作业地点安全隐患，严格按照"四定五落实"进行整治。

（3）严厉进行事故追究查处，对事故采取"零容忍"。深入分析事故原因，积极完善安全技术措施，及时弥补管理上的漏洞，及时改变松懈的工作态度。

本章练习题

一、判断题

1. 一般事故隐患，是指危害和整改难度较小，发现后能够立即整改排除的隐患。（　　）

2. 安全风险是指发生危险事件和危害暴露的可能性，与随之引发的人身伤害或健康损害或财产损失或环境破坏的严重性的组合。（　）

3. 低瓦斯矿井采掘工作面的甲烷浓度检查次数每班至少2次。（　）

4. 装有主要通风机的出风井口应当安装防爆门，防爆门每3个月检查维修1次。（　）

5. 瓦斯检查存在漏检、假检情况且进行作业的属于一般事故隐患。（　）

6. 掘进巷道必须采用矿井全风压通风或局部通风机通风。（　）

7. 煤矿井下粉尘专指煤尘。（　）

8. 井下采掘工作面的进风流中，氧气浓度不低于20%。（　）

9. 矿井必须建立测风制度，每10天至少进行1次全面测风。（　）

二、单项选择题

1. 采用扩散通风的硐室，深度不得超过（　）m。

A. 4　　　　　　　B. 5　　　　　　　C. 6

2. 瓦斯喷出区域和突出煤层采用局部通风机通风时，必须采用（　）。

A. 抽出式　　　　B. 压入式　　　　C. 混合式

3. 采掘工作面的进风流中，氧气浓度不低于20%，二氧化碳浓度不超过（　）%。

A. 0.5　　　　　　B. 1.0　　　　　　C. 1.5

4. 生产矿井主要通风机必须装有反风设施，并能在10 min内改变巷道中的风流方向；当风流方向改变后，主要通风机的供给风量不应小于正常供给风量的（　）%。

A. 30　　　　　　B. 40　　　　　　C. 50

5. 压入式局部通风机和启动装置安装在进风巷道中,距掘进巷道回风口不得小于(　)m。

A. 10　　　　　　　　B. 20　　　　　　　　C. 30

6. 局部通风机每(　)天至少进行一次风电闭锁和甲烷电闭锁试验,每天应当进行一次正常工作的局部通风机与备用局部通风机自动切换试验。

A. 7　　　　　　　　B. 10　　　　　　　　C. 15

7. (　)是风险管控的基础。

A. 风险分析　　　　B. 风险评价　　　　C. 风险识别

三、多项选择题

1. 风险管控是指通过实施(　)等措施,有效防控各类安全风险。

A. 工程　　　　　　　　　　B. 技术

C. 管理　　　　　　　　　　D. 装备

2. 正常工作的局部通风机必须采用(　)供电。

A. 专用开关　　　　　　　　B. 专用电缆

C. 专用馈电　　　　　　　　D. 专用变压器

3. 瓦斯抽采系统主要由(　)等组成。

A. 瓦斯泵　　　　　　　　　B. 管路

C. 闸阀　　　　　　　　　　D. 流量计

E. 安全装置

4. 隐患应根据管理层级,实行(　)。验收合格的予以销号,实现闭环管理。

A. 分级治理　　　　　　　　B. 分级督办

C. 分级验收　　　　　　　　D. 分级销号

练习题答案

一、判断题

1. √ 2. √ 3. √ 4. × 5. × 6. √ 7. × 8. √
9. √

二、单项选择题

1. C 2. B 3. A 4. B 5. A 6. C 7. C

三、多项选择题

1. ABC 2. ABD 3. ABCDE 4. ABC

参 考 文 献

[1] 北京市中煤教育科贸公司.煤矿智能化开采职业技能等级标准[R].北京:北京市中煤教育科贸公司,2021.

[2] 曹庆仁.煤矿班组长管理基础知识[M].徐州:中国矿业大学出版社,2021.

[3] 陈德庆.煤矿"三违"行为的心理分析及对策[J].内蒙古煤炭经济,2013(2):9.

[4] 陈平.煤矿采煤机操作作业安全培训教材[M].徐州:中国矿业大学出版社,2016.

[5] 陈孝平,汪建平,赵继宗.外科学[M].9版.北京:人民卫生出版社,2018.

[6] 东兆星,吴士良.井巷工程[M].徐州:中国矿业大学出版社,2004.

[7] 法律出版社法规中心.中华人民共和国安全生产法律法规全书:含全部规章[M].北京:法律出版社,2021.

[8] 高有进,罗开成,张继业.综采工作面智能化开采现状及发展展望[J].能源与环保,2018(11):167-171.

[9] 国家安全生产监督管理总局,国家煤矿安全监察局.煤矿安全规程:2016[M].北京:煤炭工业出版社,2016.

[10] 国家安全生产监督管理总局宣传教育中心.煤矿班组长安全培训教材:综合本[M].北京:中国工人出版社,2016.

[11] 国家安全生产监督管理总局宣传教育中心.煤矿采煤机操作作业操作资格培训考核教材[M].徐州:中国矿业大学出版社,2017.

[12] 国家煤矿安全监察局.煤矿安全生产标准化管理体系基本要求及评分办法:试行[M].北京:应急管理出版社,2020.

[13] 河南省煤炭工业管理办公室.河南省煤矿其他从业人员培训大纲和考核标准:试行[M].徐州:中国矿业大学出版社.2018.

[14] 隆泗.煤矿班组长安全基础知识[M].徐州:中国矿业大学出版社,2021.

[15] 《煤矿安全生产标准化管理体系基本要求及评分方法(试行)》达标指南编写组.《煤矿安全生产标准化管理体系基本要求及评分方法(试行)》达标指南[M].北京:应急管理出版社,2020.

[16] 盛钢."三违"行为及其预防措施[J].中国化工贸易,2015(19):46.

[17] 时志钢.煤矿班组长安全培训教材[M].徐州:中国矿业大学出版社,2013.

[18] 苏日娜.智慧煤矿管理读本[M].2版.北京:应急管理出版社,2020.

[19] 王志坚.矿山救护队员[M].北京:煤炭工业出版社,2007.

[20] 邬堂春.职业卫生与职业医学[M].8版.北京:人民卫生出版社,2017.

[21] 辛嵩.矿井热害防治[M].2版.北京:煤炭工业出版社,2011.

[22] 易善刚.防治煤矿冲击地压专项培训教材[M].徐州:中国矿业大学出版社,2018.

[23] 尹贻勤.安全心理学[M].北京:中国劳动社会保障出版社,2016.

[24] 袁亮.煤矿安全规程解读[M].北京:煤炭工业出版社,2016.

[25] 张国枢.通风安全学[M].徐州:中国矿业大学出版社,2000.

[26] 郑光相.矿尘防治技术[M].徐州:中国矿业大学出版社,2009.

[27] 中国安全生产科学研究院.安全生产法律法规[M].北京:应急管理出版社,2020.

[28] 周心权,方裕璋.矿井火灾防治[M].徐州:中国矿业大学出版社,2002.

[29] 周志阳,杨涛.煤矿职业病危害防治培训教材[M].徐州:中国矿业大学出版社,2018.